王鼎钧作品系列

人生四书·之二

王鼎钧

人生试金石

(增订版)

生活·讀書·新知 三联书店

Simplified Chinese Copyright © 2020 by SDX Joint Publishing Company.
All Rights Reserved.

本作品简体中文版权由生活·读书·新知三联书店所有。
未经许可,不得翻印。禁止重制、转载、摘录、改写等侵权行为。

图书在版编目(CIP)数据

人生试金石/王鼎钧著. — 2 版. —北京:生活·读书·新知三联书店,2020.8 (2024.6 重印)
(王鼎钧作品系列)
ISBN 978-7-108-06715-9

Ⅰ.①人… Ⅱ.①王… Ⅲ.①人生哲学-通俗读物 Ⅳ.① B821-49

中国版本图书馆 CIP 数据核字(2019)第 250267 号

责任编辑	饶淑荣
装帧设计	张　红　康　健
责任校对	常高峰
责任印制	董　欢
出版发行	生活·讀書·新知 三联书店
	(北京市东城区美术馆东街 22 号 100010)
网　　址	www.sdxjpc.com
图　　字	01-2017-7037
经　　销	新华书店
印　　刷	河北鹏润印刷有限公司
版　　次	2014 年 9 月北京第 1 版
	2020 年 8 月北京第 2 版
	2024 年 6 月北京第 7 次印刷
开　　本	787 毫米 × 1092 毫米　1/32　印张 7.25
字　　数	91 千字
印　　数	32,001-35,000 册
定　　价	28.00 元

(印装查询:01064002715;邮购查询:01084010542)

目 录

前言

一 职场心理准备

当你一步跨进办公室的时候 _ 002

记得当时年纪小 _ 005

智者就山 _ 007

合八方风雨而成气候 _ 009

靠不住，靠得住 _ 012

人人与我成对联 _ 014

大器大志 _ 015

运动员精神 _ 018

自信 _ 020

二 生存，竞争

择婿记 _ 024

广播和报纸的竞争 _ 027

报纸和电视的竞争 _ 030

电影和电视的竞争 _ 033

炮战中的采访战 _ 036

争夺回忆录 _ 039

竞争定律 _ 042

一部电话变负为正 _ 044

小小外交谈判 _ 046

洞房偷听之后 _ 049

不怕慢，只怕站 _ 052

三 细品挫折感

水葫芦	_ 056
巴班的汽船	_ 058
从百万到百亿	_ 060
赔掉十亿元之后	_ 063
职场门内门外	_ 065
诗云之一	_ 067
诗云之二	_ 070
诗云之三	_ 072
诗云之四	_ 074
完人	_ 077
考绩风波	_ 078
致命的预言家	_ 081

四 谈老板

老板论	_ 084
幼稚对老辣	_ 085
让刀生锈	_ 087
白吃的午餐	_ 089
适者生存	_ 091
临时想一想	_ 092
政治第一	_ 095
退休者的机密	_ 097
新进，谨慎前进	_ 100
一包香烟的考验	_ 103

五 防人之心不可无

沙盘推演	_ 106
一日之计	_ 109
你真傻	_ 112
层层选拔	_ 114
人人都是媒体	_ 116
人格层次	_ 118
弃友	_ 120
听人劝	_ 122
迷你战争	_ 125

六 做好自己

你的跑道	_ 130
许个愿吧	_ 132
还是自己去做吧	_ 133

只要功夫深？ _ 134

北极鸟 _ 136

迷途知醒 _ 138

当局者清 _ 140

秘密天平 _ 141

棋子重于华山 _ 143

言之有趣，言之有味 _ 145

七 最要紧的是发光

天生我材 _ 148

姑嫂山 _ 151

学习的快乐在哪里？ _ 153

春草年年绿 _ 155

家家点灯，满城光明 _ 156

恕道 _ 158

悬崖回马记 _ 160

第一个被盘尼西林救活的人 _ 161

少安毋躁 _ 163

八 好人？坏人？

第三度贞操 _ 166

第二生命 _ 168

职业面具 _ 171

炎凉 _ 172

蜜月 _ 174

没有代用品 _ 176

看人先看书房 _ 178

好人？坏人？ _ 181

也是代沟 _ 183

老王过年 _ 184

一个巴掌拍不响 _ 187

九 来，减减压

跟着线条走 _ 190

放弃次要的目标 _ 193

化整为零，聚零成整 _ 196

笑出来 _ 199

能看破，不放下　_ 201　　英国爵士的信心　_ 214

生命之箭永不停止　_ 203　　一定强　_ 216

扛起来　_ 205

劳者多能　_ 208　　附录　维他命丸之外

谁在生气？　_ 209　　　　　_ 219

不要生气　_ 212

前言

有风浪,乘风破浪,
有甘苦,转苦为甘。
有巧拙,引巧补拙,
有难易,行易知难。
勇者,你的名字是青年!

一

职场心理准备

当你一步跨进办公室的时候

你、我,都是由家庭到学校,再由学校到社会。当你一步跨进办公室的时候,你已不再是孩子,不再是学生,前后左右,也没人拿你当孩子,当学生。

这就要说到家庭、学校和社会的不同。在家庭里,父母是希望你好,希望你比他们更好,望子成龙,望女成凤,他们自己可能是牛是马。

流行的意见,对传统的"父母心"颇有责难,美国人甚至说这是拿教育子女当投资,利润要高。这话太尖刻了吧?须知这正是父母之所以为父母,他们一生遗憾很多,希望子女比自己好,到底有什么地方不对?生而为人,小时候这样被呵护过,是很大的幸福。

有人雇用保姆照管孩子，自己受人雇用出去工作，"跟保姆换班"，这是不得已的决定，保姆不能代替母亲，"保姆"两个字只有四分之一的"母"亲。母亲上班去了，交代用鹌鹑蛋煮面给孩子吃。某一个年龄的孩子不肯专心吃饭，有一口没一口，跑来跑去，母亲要端着面碗跟在后面追着喂，往孩子嘴里塞鹌鹑蛋，往自己嘴里塞面。保姆把孩子挤在墙角，自己坐椅子上堵住他，让他动弹不得，端起面碗往孩子嘴里塞面，往自己嘴里塞鹌鹑蛋。

你进了学校以后，还可以遇到这种人，他也希望你好，希望你比他更好，这种人就是教师。俗语说，有状元徒弟，没有状元老师，每一个老师的梦想不是自己中状元，而是他调教出来的学生中状元。老师发现你天资高，德行好，身体健康，学业进步，他不生嫉妒心，他喜悦，他祈求你更好。生而为人，曾经这样受到善心美意的包围，也是很大的幸福。有一种流行的意见，教师只是一种职业，他贩卖知识，双方银货两讫,就没有别的了。这种说法也太尖刻了。

家庭培养你我有能力接受学校教育,学校培养你我有能力对社会作出贡献,犹如一滴水由小溪进入大河,由大河进入海洋。你一步踏进办公室,来日方长,相识满天下,你恐怕再也难以遇到一个人,一心希望你好,希望你比他好,处处为你的利益打算。多少人想在前面堵住你,想在上头压住你,想在旁边挤掉你。到了这般时候,拿你当货物投资,拿你当小贩交易,拿你当棒球打,从你的面碗里挑走鹌鹑蛋,这一类人纷纷出现。如果问我社会和家庭、学校有什么不同,我举这一条。

然后,今生今世,父母和老师永远是你我心头的暖。那时候你才发现,对父母对老师要说多少"对不起"。

记得当时年纪小

——勤奋是道路,苟安是峭壁,懒惰是墓穴。

幼儿解决问题的方法很简单:哭。他只要啼哭,就会有热烘烘、香喷喷的奶头塞进嘴中。

稍稍长大,他多了一个解决问题的方法:闹。他只要躺在地上打滚儿,就会有电动玩具塞进怀中。

那时,他的生存是别人的责任,他的哭声,提醒了也加重了别人的责任感。再过若干年,例如说"而立"前后,生存完全是自己的责任了,幼儿时期的方法不能再用,婴儿时期的鞋子不能再穿了。有些成年人还模模糊糊地记得幼时的方法,还糊糊涂涂地一再使用。那些遭到打击就"自怜身世"的人在心理上还是婴儿,他想哭给人家听。受到挫折就自暴自弃的人,在心理上还是孩子,他想打滚儿给人家看。无奈今非昔比,他这样做已不能归到别人的责任,因之,也就没有任何人来殷勤抚慰了。那就自己抚慰自己吧!

看,每天早晨,旭光普照之下,马路上塞满了急急忙忙的车辆和人群,他们都是准备出来任劳任怨的。如果每个人都能保持早上出门时的心情,赌场、舞厅、酒馆的生意就不会那样兴隆。可是许多人中午改变了主意,他觉得需要"施舍"一点什么给自己。他想"破例优恤"一个绑赴刑场的死囚,给"他"一次非分的满足。他觉得有理由稍稍"堕落"一下,这是一个危险的信号。自怜的情绪受到鼓励,以后会来得很勤。其结果,是生存能力退得很快。

智者就山

——现代社会是一部机器,现代生活是来操作它。

穆罕默德说过,"山不来就穆罕默德,穆罕默德去就山吧!"这个故事不需要重说一遍了,现在要说的是,为什么这样一句话能普世流传、奉为经典呢?

一句话能留传后世,有的因为它有趣味,有的因为它有感情,穆罕默德这句话是因为有智慧。

且看新闻报道:政府拨了一笔巨款,准备以低利贷给农民,作为农村生产的周转资金。可是许多钱放在银行里贷不出去,农友的反应并不像预想的那么热烈。他们需要钱的时候,仍然去找放高利贷的人,接受非法的盘剥。为什么呢?因为银行的办事人员态度冷峻，手续麻烦，放高利贷的人揣摩农人的心理，花言巧语，使农友觉得"好办"。这就是说，当"山"不肯迁就农民的时候，农民也不肯去就山。

到现在为止，仍然有很多人不相信大医院，不相信名医，宁可把健康给江湖郎中。大医院里可能有回春的华佗，但是医生护士那一脸漠视他人痛苦的样子叫人难过、怀疑；江湖郎中大半是误人性命的庸医，可是他们亲切殷勤，使病家觉得他们尽心尽力，庆幸所托得人。这就是说，当"山"不肯迁就病人的时候，病人也不肯去就山。

银行的服务态度应该改善，医院的服务精神应该提高，这是人人同意的结论。不过，"冷漠"是现代机构的正常气氛，无论如何"国手"的态度无法跟密医相提并论，银行人员也永远不像放高利贷的人那样"蔼然可亲"。换个角度看这个问题，我们为什么不努力适应银行的作业方式和大医院的气氛呢？那是对借方和病家非常有利的事啊！

合八方风雨而成气候

——用过去构筑现在,以现在开发未来。

不要怕人家笑你模仿,模仿是学习必经的过程,妨碍模仿就是妨碍进步。你我从父亲、母亲、哥哥、姐姐那里学到一些,从老师、同学那里学到一些,从书中人、剧中人那里学到一些,合八方风雨而成自己的气候。我们应该思索的是如何选择,向谁模仿。

教育家教我们要学就学高、学大,三百六十行,行行有高手,农工兵学商,各界都有大人物。有为的青年,首先应该知道你这一行的权威人士是谁,然后想办法"接近"他们,例如读他们的传记,听他们的演讲,参观他们的成就,使自己襟怀开阔,目标远大。这就像学书法家一样,手上备有若干部好碑好帖，时时观摩，任何机会看见好字，决不放过。不要笑那挤到明星旁边照相的人，要想一想如何可以比他们做得更好。

教育家常说"可塑性"，认为儿童容易受环境和教育的影响，是接受教育的黄金期，当然也是可能"学坏了"的危险期，所以大人要为了下一代多操一点心。

人的模仿本能往往终生不竭，长大了，"模仿"是他自己的责任，他一生搜集别人行为的"样本"，一旦自己面临同样的问题，他会想一想别人是怎样解决的。史可法的行径太像文天祥了，以至传说他是文天祥转世。而文天祥作《正气歌》以明志，历数前贤成仁取义的壮烈事迹，浩浩然有集其大成的意思。汉朝王陵的母亲为了使儿子安心归汉，断然自杀，免得王陵再有家庭的牵挂。到唐朝，就有王义方的母亲自比王母，希望儿子能学王陵。范滂是贤臣，范母是贤母，到了宋朝，就有苏东坡想做范滂第二，苏母也自认为可以不让范母专美于前。

所谓风气，就是大家都模仿一个人，或者大家彼此互相模仿。太史公作《游侠列传》，特别标明游侠人物之间的历史关系，指出曹沫之后一百六十七年，产生专诸；专诸之后二十年，产生豫让；豫让之后四十四年，产生聂政；聂政之后二百二十年，产生荆轲。前后继承，彼此辉映，一目了然。在这期间，追慕专诸、荆轲之风而不够资格在历史上留名的人，不知道有多少，这就是风气。

人人都有一些言谈举止模仿别人，人人也都有一些言谈举止被人模仿。"家家自扫门前雪"，积雪太厚，用雪铲。十一月，某一家买了新款式的铲子；十二月，这条巷子里家家都换了新款式。一夜好雪，早晨，有一个人把门前雪铲起来丢到街心，中午，整条巷子家家都把雪铲起来丢到街心。明年，市政府就得定一个罪名，这叫污染街道，得罚钱。

一种负责的人生态度要考虑两个问题：一、我要学别人的哪些行为；二、我有什么行为可以做别人的榜样。前者是接受影响，后者是留下影响。

靠不住，靠得住

——有人为蝴蝶造巢吗？我只见过蜂房。

"靠山吃山，靠水吃水。"靠近山的人要有本领吃山，靠近水的人要有本领吃水。本领大，吃得好，吃得多；本领小，吃得坏，吃得少。靠山，本领大可以开矿，本领小只能打柴；靠水，本领大了行轮船，本领小了捞鱼虾。如果什么本领都没有，还不是望洋兴叹。

归根结底，"吃"的是自己的本领，靠山靠水都靠不住，只有自己的本领最真实。贷款不是靠银行，是靠你的信用，你以后能按时归还。你看，"靠"这个字的结构已经明明白白告诉你依赖他人的念头殊属非是。

不过，天下事没法用一句话说完，有一种"靠"值得一提。军队行军作战，连夜不能安枕，有时候在大路旁、战壕里打个盹儿，两个人一组，背靠背坐在地上，你支持我，我支持你，形状如一个"人"字。两个人都能睡，也都睡不熟，有什么动静，这个醒了那个也醒。

这种"靠"叫互相支持，叫互助，叫共生，说来并不稀罕。民间俗谚有"锣靠鼓，鼓靠锣""水帮鱼，鱼帮水"，工业界有供应链，组织家说干部靠领袖指导，领袖靠干部执行。每一个人都要有某种本领，为社会所需要，足以与社会上其他分子互相依存。医生为建筑师治病，建筑师替医生盖房子。你要什么，我这里有；我需要的，你给我。一笔写不出两个"靠"字，这"靠"不是那"靠"，这个"可靠"。谁也没有存心依赖，天助自助。

人人与我成对联

——别把人家当作猪,但愿自己不是狗。

此联不知道出处,作者定是"世事洞明,人情练达"之解人。

人在仰视时易低估自己,俯视时易低估别人;得意时易自狂,失意时易自卑。其实人之聪明,谁能不如我;我之智慧,亦未必弱于人。

自尊心强者,每每忽略别人也有自尊;无自尊心者,又往往不知别人自尊心之可贵。

其实人是万物之灵,你的同类中的每一分子都是不可轻侮的。当然,你自己也应该如此。

大器大志

人类的一般寿命是八十岁,他要到二十岁才独立,他要用全部寿命四分之一的时间来成长学习,比起马牛羊等动物来,这一段时间太长了。

这是因为人的生理构造精巧,生存条件复杂,要学习的东西也太多。我看见牛犊出生之后,只要几个小时就行动自如,乡人称为"随风长",意思是只要一阵风吹过去它就长大了。牵牛花在短短几个月之内就走完它全部的生命历程:吐叶、开花和凋谢。它要做的事十分简单,不过迎风招展地开几朵花而已。松柏是栋梁之材,就要在霜雪中挺立百年。

还有,牵牛花生出来以后只要做牵牛花,不需要做松柏；牛生出来以后仍然做牛，不需要长成一匹马；鱼突变为龙，猪突变为象，狗可以成獒，有此一说而已。"人"不同，一个乡长后来可以坐龙椅，一个流氓可以成为司令官，一个牧童后来可以成为学者，构造复杂可以想象，他的学习期其实也不止二十年。

有人说，"人"的学习期并不是到二十岁，而是到四十岁，因此有一句话："生命始于四十。"孔夫子甚至说他一辈子都在学习，他到底要学什么呢？孔门大哲曾子列出一张功课表："正心、诚意、格物、致知、修身、齐家、治国、平天下。"这是追求广度；到了宋朝，有位周敦颐先生列出功课表："士希贤，贤希圣，圣希天。"这是追求高度。做人也像做学生，有学士学位、硕士学位、博士学位。做人也像做官，有县长、省长、元首。当然，不可能每个人都走那么远，但是画地图的人要画全图给你看。

社会永远需要新人辈出，能大能高，并不愿意埋没人才，看人才如何满足社会的需要。试看军队强调服从，可是军队也最需要人才出头、后来居上，"不希望做将军的士兵不是好士兵"。他们特地设置了一个值星制度，每一个连有三个排，平时由这三个排长轮流做连长，每人一星期。每个排有三个班，平时由这三个班长轮流做排长，每人一星期。值星制度激励每一个班长想做排长，激励每一个排长想做连长。"不想做连长的排长不会是好排长。"

排长想做连长，跟服从不冲突；人想更上一层楼，跟知足也不冲突。上进，可以使人白天活得精彩；知足，可以使人夜晚睡得香甜。

运动员精神

——更快,更远,更高。

某君练习跳高,把横栏定在一米的地方,跳了几次,觉得非常吃力,就把横栏降低五厘米再跳。还是觉得吃力,就再把横栏降低五厘米。这样,过栏容易了,他觉得轻松愉快,心满意足。这个人究竟在那里干什么,恐怕谁也说不出来,俗语所谓"莫名其妙"正是指这种情形。他绝不是在运动;就运动员的观点看,有了跳一百厘米高的能力,就要准备跳一百零一厘米,然后准备跳一百零二厘米。鞭策自己,永远准备跳得更高,那才叫作成器。

有一个孩子喜欢拼装轮船的模型,他的零用钱都花在了玩具店里。他的钱很少,只能买很便宜又很简单的那一组。一天,他的父亲发现了孩子的兴趣,他家境并不宽裕,学校里并没有这样的课程,他劝孩子放弃这个不急之务,可孩子着了迷,并不听从。这父亲懂得发展孩子的天赋,就不顾家用拮据,带着孩子去买复杂的,也是比较贵的,然后是更复杂的,也是更贵的。

歌剧演完第一幕,女主角突然在后台昏倒,送往医院急救。剧团的负责人在焦急之余,问一个配角能不能代替主角上演。她一口答应,而且演唱精彩,多次赢得如雷般的掌声。原来这个配角早就不停地训练自己,使自己具有担任主角的能力。主角唱的,她都会唱;主角做的,她都会做,她随时可以当主角。果然机会来了,一炮而红。机会是偶然的,她之更上层楼却是必然的,因为她不贪安逸、不怕艰难,一直在训练自己"跳"得更高。

自信

——把信心分给别人,是一件善行。

报上有求才广告,一个年轻人打电话去应征,电话的那一端说:"对不起,你太迟了,我们已经找到了合适的人。"

这个朝气充盈、满怀自信的青年说:"未必,你还没有和我谈过话。请你接见我,你可能会改变决定。"

"好,你马上来!"

一席交谈之后,那青年果然后来居上,获得了一个职位。他的热诚、锐气打动了他的上司。"我的能力不够,请你多多指导。""我也许做不好,不过,请你让我试一试。"这样的客气话,身为主管的人已经听得太多,这样的话使他觉得不可靠、不安全,心理上有负担。而他的负担已经够多了,正希望有人帮他减轻。

古人看见只有低洼的山谷才可以储存大量雨水,发明了"谦受益"的哲学。但是要知道:谦德是使我们把不知不能变为已知已能,并不是要把已知已能变为不知不能,今天的"谦谦君子"当能辨别。

必须补充,这样求职,自己要真有一套本领,你上班第一天,老板就会交下一件很难办的工作,你把这一件办好了,紧接着还有第二件、第三件。你得接球,投出去,上篮,让老板信服,也让同事佩服。

我看见餐馆招聘厨师,来了一个人应聘,自称做过大厨,也就是掌勺的师傅,厨房的领袖。老板正需要大厨:来吧,今天周末,晚上有人办宴会,就让你试试。这人根本没见过这番阵仗,出菜太慢,火候和调味也不到家,老板只有亲自上场。当然,第二天,这个求职的人不必再来。如果当初这个求职的厨子别自我膨胀得厉害,以二厨自居,结局就圆满了。

二

生存，竞争

择婿记

女儿带了男朋友来看爸爸,如果爸爸同意,他们打算订婚。

爸爸亲切地接待了这个年轻人,谈了很多话。他问年轻人打牌吗?不打。下棋吗?不下。球类运动呢?从来不参加。那么……

一个完全摒弃无益游戏的人,品格自然是可取的,女儿充满了信心。谁知道男朋友走后,爸爸表示反对。

"为什么?"女儿大吃一惊。

"为了你的前途和幸福。"

"总得有个理由才让人心服嘛!"

爸爸沉默半晌。"好吧，我告诉你。你带来的这个人厌恶一切竞赛性的活动，我担心他无法从竞赛中得到乐趣，那样，他就缺少一个上进的灵魂。记住，你需要一个在挑战下勇往直前并且乐此不疲的丈夫！他是这种男人吗？"

女儿说："他觉得跟人家争来争去没有意思嘛！"

"画眉是一种喜欢参加歌唱比赛的鸟儿，一只画眉如果听见另一只画眉的叫声，就想用自己的嗓子压倒它，对方也不甘示弱，双方在音波中鏖战一场。最后，胜负既分，失败的一方羞怒不堪，它从此不再发出鸣声，变成一只哑鸟。你喜欢这样的人吗？"

这么说来，参加竞争有双重意义：胜了，始能迎接成功；败了，始能承受挫折。苏东坡看人下棋，认为"胜固欣然，败亦可喜"，在中国文化中还有更进一步的要求，成功不要骄傲自满，失败不要自暴自弃。

所以，先贤为我们设计了各式各样的竞争，锦标奖状都是教育。有人长叹一声太累了！这样活着太累了！所以中国有道家，为他准备了一张软床，他可以在上面躺着，你不要在旁边陪着他。

广播和报纸的竞争

报纸、广播,都向大众传播信息。报纸让人"读"到信息,它希望读信息的人越多越好;广播让人"听"到信息,它希望听信息的人越多越好,彼此有竞争。

中国人一向相信白纸黑字,认为"眼见为实,耳听是虚",广播只能听见,好像居于劣势。但是广播从业人员并不这样想,他认为"我能让人听见,而你只能让人读到",昂然走向战场。

既然"只能听见",那么就充分利用人的听觉,把信息分成三种,有些信息全部可以直接用听觉接受,例如音乐演奏,要紧的是让人听到乐声,演奏者的面貌姿态是多余的。在这方面,听广播胜过读报纸。广播从业人员努力发掘这一类信息,形成自己的特色。

有些信息可以直接听到一大部分,听不到的那一部分可以转述,例如新年放鞭炮舞龙舞狮,充分传达了兴奋热烈的气氛,穿新衣戴新帽再由播报员补充。在这方面广播和报纸可以互争雄雌,报纸除了文字叙述还可以刊登照片,歌星登台献唱,能从照片中一窥她的长相和台风,当然可以争取读者,于是报纸来个图文并茂,并且把照片放大。

有一些信息完全没有声音,例如科学家破解了人类的基因组合,并且能够加以"编辑",控制人类的遗传。传播这一类信息,报纸占绝对的优势,广播完全退出竞赛。

还有,新闻报道要快要早,新闻发生了,大家都来采访,广播记者回到电台立刻可以播出,报纸记者的稿子还要经过编排、印刷、发行,即使特别出"号外"也要三四个小时。广播刻意发挥它这个先天的优势,出现了转播车,选举一面开票电台一面广播,群众一面游行电台一面广播,飞机失事了,广播记者在满地残骸之间一面游走一面广播。

通常,人在做事的时候一心不能二用,但是主妇可以一面听广播一面缝纫,学生可以一面听广播一面做功课。尤其是"电晶体"出世以后,收音机的体积越来越小,你我可以一面散步一面听广播,可以一面开车一面听广播,这样一来,广播可以固守它的黄金三角洲,即使后来电视和网络兴起,也不能把它吞没。

学者总结战况,归纳成一句真言:"和同类竞争,要针对敌人的弱点,夸张自己的优点。"

报纸和电视的竞争

我们读报纸的时候不能看电视,看电视的时候不能读报纸,两者互相排斥,彼此竞争激烈。

电视的长处是用画面呈现资讯,观众能看见美国总统在国会发表国情咨文,能看见英国公主在大教堂结婚,能看见世界运动会女子游泳赛。可是人有一长,必有一短,电视也不能没有画面,而许多大事是没有画面的。商场钩心斗角,哪有画面?战场运筹帷幄,哪有画面?谁见过正义、真理的画面是什么样子?

没有画面,只有靠语言说明,而电视并不允许你长篇大论、滔滔不绝。同样一个人,他坐在电视机前面的时候没有耐性。电视对他说话，只能简单明了、点到为止，而报纸可以作深度报道。

众所周知，美国有社会福利制度，积弊甚深。很多人隐瞒收入，要国家替他付医药费；很多人把财产转到儿女名下，要国家维持他的生活；很多人自己有房子出租，还要政府替他付房租。美国总统发出怒吼，要彻底整顿，大众希望从传播媒体看到代表性的案例，电视台能拿出画面吗？报纸可以拨出三大版篇幅来满足读者，电视不能。

有些资讯可以转成画面，但是要花很多钱。电视推出节目，先要找广告，没有广告收入就没有节目制作费。例如电视业者早就知道吸烟有害，不能推出戒烟的节目，直到戒烟成为社会运动，公益团体出钱。环保问题是人类大限，何等重要，我们长年看电视，对环保的印象很淡，对明星的红唇、观光的景点印象甚深，宣传环保就得要求国家延缓开发，要求大众降低消费、减少对能源的消耗，商人对这样的节目没有兴趣。报纸对这一类事情做得比较快,也比较多。

为了和电视竞争,报纸不再严格维持没有意见也没有情感的"纯净新闻",使新闻报道有深度也比较活泼。报纸也发展作者署名的专栏,综合使用记叙、论说和抒情的语言,形成一种新的文体。报纸也放大了它的照片,大到吓人一跳。电视新闻的照片太规矩了,为了竞争,某些报纸组织了"狗仔队",摄影机记者跟踪名人窥探隐私。

竞争如战争,难免有人"以诈立,以利动"。传统的新闻学主张电视不可竞争,报纸只可有限度竞争。但是现代显学主张竞争,在竞争中接受大众的选择。

电影和电视的竞争

电视用画面加上声音传播信息,可以说是把电影送到你家客厅里来,你不用衣冠整齐开车出门,不用找停车位,不用排队花钱买票,节省了很多开支。电视一出,抢走了大量的电影观众。

电影业开始在影片中穿插情节,嘲笑电视,例如少年人从电视节目中学会了喝酒,变成一个酗酒的无赖。例如说电视是杀死时间的工具,人老了,什么也不能做了,坐在电视机前面等死。有一个老人退休了,亲友们登门慰问,合资买来一部电视机送给他。不料另一个公司听说他退休,马上请他去上班,亲友们又登门祝贺,把电视机搬了回去,认为他用不着。

单单是"吃醋"当然没有用,你得展开业务,起而与电视竞争。做法呢,还是那句老话:"针对敌人的弱点,夸张自己的优点。"

起初,彩色节目成本高,电视只有黑白,电影业立刻停拍黑白片,改拍彩色片。电影界本来有一种说法,黑白片才是艺术,彩色片不是,现在断然修改他们的美学,人的眼睛生来是看彩色的,色盲的病患才只见黑白。当年流行黑白片还有一个原因,彩色片的颜色不自然,难看,好莱坞首先推出"特艺七彩",不久又改进为"特艺十彩",使彩色画面能引起美感。

那时电视机的画面小,通常是十七寸、十九寸、二十一寸,电影立刻放大他们的银幕,而且一不做二不休,把戏院的整面墙都修成银幕。银幕本来是长方形,长宽有一定的比例,称为"分金律",大银幕断然打破了这个规律,改成阔银幕。大银幕一出,天广地阔,表现千军万马,千山万水,万国衣冠拜冕旎，万紫千红总是春，看来真是夺神眩目、摇荡心灵。电影题材、导演手法、美工布景跟着改变，在音响效果方面也作出重大的改革，称为"身历声"。戏院的扩音系统全新改装，雷声隆隆，就在你头顶上碾过，炮声隆隆，就在你前后左右炸开。电视无论如何不能给你这样丰富的享受。

如果竞争到此为止，那是岁月静好。可是电影业一不做、二不休，它知道电视进入家庭，你我被动接受节目，家庭中要保护未成年子女，节目中不能有色情和暴力，它把这个也看成弱点了。你我进电影院是主动接受节目，可以不带孩子，电影剧情可以有某种程度的色情和暴力，电影业把这个也看成自己的优势了。"针对敌人的弱点，夸张自己的优点"，好莱坞的头牌明星也纷纷脱光，而且进一步不只是脱光。

炮战中的采访战

——条条大路通罗马,交通工具有好坏。

冷战时期,我国台湾的金门岛发生激烈炮战,史称"八二三炮战",冷战突然变热,成为世界新闻,各国通讯社、报纸及广播电视机构派遣记者到金门采访,庞大的外籍记者群,齐集台北,乘坐专机,来到金门机场。

这种大规模的集体采访,每个记者都能得到新闻,要看谁能最先发出新闻,记者要把写好了的新闻传到总社,再由总社发布到世界各地的新闻媒体,谁比谁早一分钟,都将在新闻史上留下纪录,事关团队荣辱,各传播机构之间分秒必争,谁也不愿意落后一步。但是当时金门的电讯局只有一条线路用于输送国际电报,记者们势必要"排队挂号"。

这个问题,别的记者都没有事先留意,只有一位美国通讯社的记者心里有数。他出了金门机场,第一个目标不是防守司令部,不是第一线炮兵阵地,而是驱车直入电讯局,他还没有任何新闻可发,把手里的一本英文杂志《时代周刊》撕下两页,交给柜台,说:"把这些文字发到东京分社。"

柜台人员觉得十分奇怪,《时代周刊》是到处可以买到的东西,何苦花大把钞票用电报传送?那位记者不管柜台人员的表情,匆匆采访新闻去了。当这位美国记者写好新闻回到电讯局的时候,别的记者也拿着新闻稿赶来了。可是,唯一的一条国际线路正在拍发《时代周刊》,别人的稿子都得等一等。只有这位美国通讯社的记者,他可以对电讯局的服务人员说:"把我写的这一段文字加上去。"

可想而知,他的这一记绝招,使他的通讯社,在全世界的新闻传播机构之中,第一个发出金门专电,比其他同业又早又快。别的记者对他没有抗议,只有佩服。话又说回来，那时也只有美国的大通讯社能让它的记者大把大把地撒银子。

这位美国记者的行为是不道德的吗？在他这一行，抢到新闻并发出新闻是最高道德，新闻史上，新闻记者为了取得新闻，种种手法，比侦探小说还精彩。在金门炮战中，这位美国记者克服困难的机巧受到许多人的称扬。新闻系教授在编写讲义的时候，标举这位记者在激烈的竞争下，能够使用唯一的一条线路发出最早的电讯，列为采访技术优异的典范。

争夺回忆录

麦克阿瑟是第二次世界大战的名将,用不着介绍了吧?在这里还是要来个附注:大战中,依盟军的规划,中国战场归他指挥,大战胜利后,他率领盟军占领日本,中国跟他办过许多交涉。国民党撤出中国大陆以后,他第一个访问台湾;朝鲜战争发生后,他指挥大军击退北朝鲜,并竭力主张越过鸭绿江进入中国的东北,因此遭美国总统杜鲁门罢黜。

几十年来,件件大事触动台湾的神经。因此,麦克阿瑟最后隐居在旅馆里写成的回忆录,台湾的读者非常希望先睹为快,但是台湾的报纸买不到中文的版权。那时台湾还没有参加国际版权公约,有一家报纸暗度陈仓,他们知道日本的《读卖新闻》买到了日文的版权,决定从日文版转译。

方法很笨,但是只有他们想到,他们驻东京的特派员,每天早晨买一份《读卖新闻》,委托"中华航空公司"的空中服务人员带到台北,报馆派人按时在机场守候。以下当然是编译加班,工厂排版,第二天早上见报。

回忆录当然是由幼年写起,可是媒体处理新闻,把读者最关心的事情放在最前面,让读者先知道,所以《读卖新闻》先从麦克阿瑟占领日本开始连载,台湾的这家报纸也跟着从占领日本开始,成为这部回忆录一个奇特的版本。

天下事不能尽如人意。有一天,不知为什么,"中华航空公司"的班机上没有带来这份日文的报纸,中文版的连载势将中断一天,这是大忌,报馆老板束手无策。幸亏他的编译主任了得,他想到一天之中还有其他国家的航空班机由东京飞来,飞机上可能有日本乘客,这人可能在登机之前随手买了一份

《读卖新闻》。他悄悄告诉专跑机场新闻的记者,叫他回到机场办一件事:由东京来的班机降落后,请机场广播告诉机上的乘客,把报纸放在座位上再离开。然后记者登机,寻找当天的他们需要的那一份。

这就要看那位记者的能力了,报馆除了要记者抢到新闻,还常有这一类的不时之需,所以当一个红牌记者不容易。这位记者不负众望,第二天,麦克阿瑟的回忆录顺利见报。

这本由麦克阿瑟亲笔写成的回忆录,我们都读到根据英文版译成的中文书,今天渔樵闲话,内容实在平常,比起丘吉尔战后写的回忆录差远了。麦克阿瑟有武略,无文才,回忆录当时有很高的新闻价值,后来有些历史价值,今天没有文学价值。

竞争定律

"夸张自己的优点、攻击对方的弱点",这个"秘诀",也可以用于我们处世做人。

汽车的长途客运是怎么发展的?它的速度比火车慢,路线也不如铁路平直近捷。经营汽车客运的人索性让公路多转几个弯儿,经过山旁水涯,让乘客饱看亭台园林,一面赶路,一面游览,而且在风景优美的地方停车散步。这样截长补短,公路的长途客运业务仍然蒸蒸日上。

有些女孩子天生丽质,打扮起来光艳照人,喜欢逛委托行和时装公司,手帕掉在地上懒得自己弯腰,动不动就噘起小嘴儿使性子,她这样反而显得"可爱"。另外有些女孩子属于贤妻良母一型,她们应该注意学习缝纫、烹调、护理常识,体贴别人,多微笑,少发表意见。这样的女孩子也很可爱。

假定小张会说三种外国语,就该努力使这种程度提高。如果他服务的机关要他接待外宾,他该欣然应命。如果这种例外的"公差"竟习以为常,他该觉得高兴,他已有机会"充分夸张自己的优点"。先贤为什么教我们不辞劳怨?无非要我们尽量"夸张"(这两个字改成"发挥"好不好?)优点而已!好逸恶劳,避重就轻,变成一个"乏善可陈"的人物,任凭他人表现才能,不啻是长年引颈承受劈面而来的耳光。

如果一步跨入社会,张皇四顾,别紧张,先检点自己有什么优点,而不是专挑别人的缺点。自己有优点,要加强、要发挥,自己没有优点要培养、要学习。每一个机构、每一个职位都有弹性,你可以多做,也可以少做,甚至有时候可以不做,不要选择那少做和不做,还自以为比人家聪明。

一部电话变负为正

——命运或许不能改换,但是可以改善。

话说多年以前,电话并不普遍,某公司要三间办公室合用一部电话机。靠近话机的人整天替别人接电话,十分烦恼,于是,这部电话机究竟放在谁的办公桌上,成为一大问题。

不久,这家公司增添一位新人,大家趁他到职之前,把电话机移到他的办公桌上安放。此人来了,坦然视之,不动声色。

电话铃响,他迅速接听,对方说找某甲通话。他低声问近旁的同事:某甲是谁?坐在哪间办公室里的哪个位置?什么职务?他起身去找某甲来接电话,同时把某甲的资料记下来。

然后是某乙、某丙……

三个月后,三间办公室里面所有的同人都对他充满了好感,愿意做他的朋友,而他也弄清楚了每个人对他有多大用处或可能有多少害处。他开始建立他的权威,选择他的朋友。渐渐地,他接听电话的声音可能谦和,可能粗鲁,要看是谁的电话。渐渐地,他起身叫人的动作可能很快,可能很慢,可能置之不理,也要看是谁的电话。许多人得迁就他、讨好他,因为他掌握着大家对外交通的枢纽。

这部电话机是别人的累赘,却是他的利器。办公室里的人都陷入了沉思。他们有些后悔了:"为什么不早早把电话放在自己桌上呢!"

后来公司增加设备,每个人的办公桌上都有一部分机,此公羽翼丰满,也有了自己专用的办公室,他用过的"孙子兵法"也还偶尔有"白头宫女"提起。但是"你不能两次插足在同一河水里",后之来者不可能复制,真是"古今多少事,尽付笑谈中"!

小小外交谈判

台湾的少年棒球运动一度很蓬勃,每年到了一定的季节,经过一轮比赛产生台湾代表队,再出去参加比赛,成为远东区的代表队,然后以远东区代表队的名义到美国或欧洲参加世界少年棒球大赛,得到世界冠军。电视转播比赛的实况,千门万户彻夜不眠,参赛的球队凯旋归来,民众热情欢迎,人山人海。

插一句话:台湾的少年棒球何以能称雄一时呢?原来在欧美各国,少年棒球还免不了当作孩子的游戏,对胜负并不很认真,台湾却是把它当作正式的国际竞赛,打钉炼铁训练选手,首先出名的红叶棒球队在偏远的乡村成立，为了节省开支，教练带着球员在干涸的河床上用鹅卵石练打击，这样的阵仗英美荷兰哪里有！

不用说，少棒比赛实况转播的电视节目是广告商必争之地，电视公司可以有一笔很大的收入。那时台湾有两家电视公司，少棒世界大赛的转播权由资深的一家电视公司独占，于是资浅的电视公司派人到比赛的主办国力争。

这个任务很艰巨，对方一桶冷水浇过来，劈头便说："你们想得到今年的转播权，已经没有希望了！"可是这位由台北飞来的现代中国人反应敏捷，他立刻说："今年的转播权我们不一定就没有希望，这问题等一会儿再谈，我现在先预订明年的转播权。"在他的要求之下，双方迅速办好了手续。

这是相当冒险的决定，当时没有人预知台湾少年棒球队明年能否再度代表远东区出赛。十分钟后，证明他的冒险极有价值，在他们热烈争辩今年的转播权到底谁属时，另一家电视公司的急电到达，他们也要预订下一年的转播权。当然，他们迟了一步。

第二年，证明他的冒险十分正确，台湾的少棒队再一次成为远东代表队，远征威廉波特，比赛实况由资浅的这一家电视公司独家转播。这回轮到资深的那家电视公司大声反对独占垄断了。经过"当局"的协调安排，两家电视公司共同享有少棒大赛的转播权，观众爱看哪一家看哪一家。又过了一年，台湾成立了第三家电视公司，自然而然，少棒比赛的转播权由三家共享。

这个三家共享的局面，是资浅的这家电视公司造成的，说得更具体一点，是这家公司派出去的那位新闻部主管打出来的，这么复杂的问题，他用了一个极简单的方法来解决，就是搁置本年的转播权，拿到下一年的转播权。

洞房偷听之后

——幸福越容易到手,嫉妒的人越多。

美女周围有许多强健聪明的男子窥伺,他们中间最后只能有一人入选。那天月下花前,美女对下跪的求婚者说:"你得先到阿尔卑斯山上的雪窟里采一朵红花回来。"

求婚者变色,站直,迫切地问:"你知道吗?我很可能因此粉身碎骨。"美女哽咽,连声说:"我知道!我知道!"

"你一定要我去?"

"你一定得去!"美女扑到求婚者怀中,大哭起来。

求婚者裹粮入山,几次在大风雪中绝处逢生,最后竭力攀上悬崖峭壁,摘下这自然界的异卉,小心翼翼地捧回来。

现在,求婚者是新郎了。结婚进行曲声中,一个广告画儿般的男童捧着这朵花,走在前面。红毡两旁的来宾,个个睁大了眼睛,惊喜赞叹,有些心肠软弱的女宾,想起人们要为爱情受多少折磨,不住地擦眼泪。

洞房花烛之夜,新郎提出他久悬心中大惑不解的问题:你为什么一定要我冒那么大的危险?

新娘的声音里有一片深情:"我爱你,想嫁你,可是追求我的人很多,他们都是你的情敌,一定有人想尽办法陷害你,除非你能做他们绝对办不到的事,削弱、铲除他们的嫉妒心。"

所以那位企业界的大亨一再告诉我们,他当年求职有二十七次重大挫折;那电影明星毫不隐讳他从"活动布景"做起,十年辛苦才在片头上挤进一个名字。所以血肉模糊、马革裹尸的将军,优于只有一条腿的将军;断去一条腿的将军,优于只有胸前有伤疤的将军。所以单亲妈妈养育出两个国会议员、一个大学校长,当选年度的模范母亲,众口皆无异词。

不怕慢,只怕站

"不怕慢,只怕站;不怕站,只怕转。"这话说的是竞争。

现代人都说,人生在世就像参加一场长途赛跑,有许许多多的人齐头并进,奔向共同的目标,谁也不肯落后。补充一句,人生像参加运动会,但是又不等于运动会,运动会为了表演给你看,把人生中的竞争截断了,集中了,一旦散场,选手的命运就决定了。

真实的人生不是这个样子,它这场长途赛跑永无休歇,它每分钟都是起步,每分钟都发奖牌,所以你只要一直奔向目标,你总会被某些人抛在后头,你也总会站在某些人前头。

农夫总觉得别人田里的庄稼长得好：中国人在两千年前就指出这个事实。不要把这事实解释成人性的嫉妒，就算是嫉妒吧，只要经过一番导引，也可以升华成运动员的精神。

三

细品挫折感

水葫芦

古人喜欢种竹,常说做人要像竹子。有一位朋友另有寄托,他喜欢葫芦,家中高悬三个大字:"水葫芦"。我问这三个字的出典,他一声不响端出一盆水,把一个小小的葫芦摆在里面表演给我看:他伸手把葫芦的一端按下去,另一端立刻翘高,他在葫芦的中腰加力,把它压进水底,它立刻换个地方再冒上来。这水中的葫芦是那么坚韧、那么安静、那么有自信心,无论压力从哪个方向来,决不消沉。"这就是我的人生观",我的朋友如此解释。

别抱怨有风,这世界总会有风,你我要学习的是如何在风中不折断。

别希望这世界没有水,要紧的是你我在水中不会沉没。

巴班的汽船

公元一七〇七年,法国人巴班(他还是一位教授呢)倾家荡产造成一艘汽船,在河中试航,遭到许多人的阻挠。他请求官厅帮助,没有回音,这艘船被水上警察扣留拆毁,投入河中。巴班受此打击,困于贫病而死。

历史上屡次发生这样的事情,大家怕新,汽船太"新"了,太新的事物令人觉得邪气,不安全。有一个人发明了新式的织布机,能同时织出四种花样的布来,这还得了,他们居然绞死了这位发明家。

中国内地各省的火车站都离城镇很远,往往设在十几里外的荒郊,商旅很不方便。因为当时居民反对火车在他们住宅附近设站,认为火车经过会摄走儿童的灵魂。这些火车一大半落地成点,扩点成面,吸引了很多商店旅社饭厅住户,形成原来城市的卫星,算是留下知过能改的证据。

十七世纪盲人的点字发明时,引起人们强烈的反对;十八世纪路灯发明时,引起民众的暴动。当时的人认为盲人不识字、黑夜没有光,都是上帝的意思,如何可以擅加改变?倒也休怪今天的社会太开放,无论多么稀奇古怪的想法或做法都没人敢大声说个"不"字,实在也是以前愚蠢的事情干得太多了。乔布斯(Steve Jobs)造出手机来,万民称便,公司日进岂止斗金,倘若在五百年前,他早已没有命了。

我的亲身经历,每分钟七十八转的快速度唱片有很多缺点,后来每分钟三十三转的慢速唱片问世后,有一家唱片行立刻出清存货,全面换新。同业有人笑他紧张过度,结果这些人都慢了一拍,新产品马上淘汰旧产品,中间连个过渡期都没有,眼睁睁地看着他独占了几个月的市场。

从百万到百亿

——指南针不等于目的地。

有一个年轻人从商专毕业,行将步入社会,他父亲问他有什么计划,他说:"我想做生意,但是害怕赔钱。"

他的父亲取出一百万块钱交给他,对他说:

"你拿这笔钱去试试你的才能和运气。也许你会再赚一百万回来,也许你会把这一百万赔光。赔了又有什么关系?你本来没有这笔钱,你还是跟原来一样。

如果你的才能和机会都够好,这笔钱在你手中会变成五千万或者五亿。你知道吧,有一个规模很大的商号叫作'一元堂',是三个人合伙创办的,当初这三人经商失败，只剩下一块钱，他们利用这一块钱另起炉灶，从头做起，成为富商。

如果你的机运不幸起了变化，在经商致富之后忽又破产，存款提尽，大楼易主，货物拍卖，商场也有不测的风云。万一如此那也没什么关系，你本来没有钱，你仍然和原来一样。

想想看，你将来最坏的情况不过和现在相同而已，有什么好怕的？"

这位年轻朋友听了上面一席话，把多日以来紧锁的双眉放开，挺胸昂首开始他的事业。他的确曾经穷到只剩一块钱，一夕之间，市场变动，资金像扑面的春风又飞回来。现在，他是两家公司的董事长了，资产百亿。

可他增长的仅仅是钱吗？钱不过是有形可见的符号。多年历练，他有了当机立断的果决、临危不乱的镇静、防患未然的智慧。人有了成就，常常有人邀他谈成功的秘诀之类，他多半敷衍了事，有时候也不免说几句实话，他说过：要成功，不要在"已知"中兜圈子,要走进"未知",而要走进未知,你得能够"先知"。

赔掉十亿元之后

"某商人赔掉十亿元,如果你是债权人之一,你如何对付他?"

这是金刚企业公司招考职员所出的作文题目,大出应考人意料。法律系出身的应考人,洋洋洒洒写出应该采取的诉讼步骤。外交系出身的,主张跟债务人举行面对面的谈判。商学系出身的人则说:"这要看我损失的数目是多少。如果为数不多,我就听其自然,破产的程序会给我人人都能接受的结果,我不愿意为追讨这笔欠款耗费太多的时间和精力,我要用那份时间精力去赚钱,赚到的会比我失去的更多。"

这些人都得到高分，可是都没有夺得第一名。这次考试的榜首是这样说的：

"赔掉十亿元？我对这个经商失败的人产生兴趣。他年轻吗？他用什么方法筹集资本？我要研究他，进一步认识他，发掘他潜在的才能。他有赔掉十亿元的能力，就应该有赚取二十亿元的能力。我考虑在我的关系企业中给他一个总经理的职位（假定我是一个大财团的主持人）。"

学习走路的孩子没有不摔跤的，并且在千万个孩子之中，有一个可能摔成脑震荡。有一个母亲因此不让他自己的孩子走路，结果那孩子变成了瘫子。

人生有些痛苦是要受的，有些过失是要犯的：只犯一次，不犯第二次。

职场门内门外

一个青年,拿着一封介绍信,到一家大饭店求职。他坐在楼下的豪华大厅里,等候被召唤上楼晋见老板。他觉得,能够在这座大楼中充任一名职员,十分幸运。这天,老板极其忙碌,一直没有工夫跟前来求职的青年接谈。终于有一名执事人员找到了大厅内这个被遗忘的人物,他枯坐已久饥肠辘辘。当他听说"老板已经下班回家"和"现在没有工作可以安插"之后,难过之极。

走出门外,他望着这幢巍巍的建筑物说:"下次再来的时候,我要做这饭店的主人。"三十年后,他的豪语宏愿果然成为事实。他买下这座饭店,并且对他的好友透露当年求职受挫的经过，好友颇为他受过的委屈鸣不平，他却说："不然，我感谢那件事情，是那事情造就了我。如果那时候老板客客气气地录用了我，那么今天我可能只是升成了饭店的中级职员而已。"

美国 Mediacom 公司也是大企业，它的全球执行长 Steve Allan 的职场生涯极不顺利，前后有八十二次遭到拒绝，他说，所有的挫折都是训练。成功人士几乎都从挫折中产生。倘若这世界完全温柔而合理，令每一人处处称心如意，我们将丧失历史上过半数的圣贤豪杰，甚至根本没有英雄和艺术家。

诗云之一

> 盛年不重来,
> 一日难再晨。
> 及时当勉励,
> 岁月不待人。

这首诗是陶渊明写的吗?不像,我们一看见他的名字,就想起他每天醉醺醺、懒洋洋的样子。

擦亮眼睛再看,署名果真是陶渊明。是了,陶公是个有反省能力的人。反省,使他写出"归去来兮";反省,使他写出"及时当勉励"。

有人看了我的这本书,认为书里面有许多话,我自己并未做到。我说是的,这本书是我的"忏悔录"。

许多画家替陶公造像,还没看见有谁画他独立苍茫，想起他虚度了的三更灯火五更鸡。

> 三更灯火五更鸡，
> 正是男儿发愤时。
> 黑发不知勤学早，
> 白首方悔读书迟。

这是颜真卿的诗，颜公是标准的儒家，这首诗内含的精神像他的为人，也像他的书法。

有人问，古人把一夜的时间分成五更，如果三更还不能熄灯，五更又要起床，哪还有睡觉的时间？问得好！三更灯火五更鸡，表示这一早一晚的时间属于你自己，不要浪费，至于两者之间这一段时间，早九晚五，你要上班工作，不会浪费，如果你的工作与志趣不合，与专长不合，你也不能"不"浪费。

今人常说，你将来会变成什么样的人，要看你每天晚上八点钟到十点钟做什么。一般人通常都是下班或放学以后，八点以前休息晚餐，十点以后洗澡上床,中间两小时真正属于自己,你可以利用"属于自己"的时间提高自己,改变自己,或者毁掉自己。

诗云之二

尘劳迥脱事非常,
紧把绳头做一场。
不经一番寒彻骨,
怎得梅花扑鼻香。

这首诗后面两句很出名,现在我们要读的也是这两句。梅花能在冰天雪地中开花,有"越冷越开花"的名声,用作比喻,延伸为"越穷越有独立的人格""越难越有成功的信心""越不得志越有对国家的忠诚""越受挫折越有奋斗的勇气"。

这首诗的作者是佛门的禅师,佛家认为"青青翠竹,郁郁黄花",其中都有佛法。他借梅花说法,指出修行的过程艰难,因此才修得成正果。我们不是佛家,先贤也借植物勉励我们进德修业,说过"松竹梅岁寒三友"一系列格言。

"不经一番寒彻骨,怎得梅花扑鼻香",寓意和孟子的一段话暗合:"故天将降大任于斯人也,必先苦其心志,劳其筋骨,饿其体肤,空乏其身,行拂乱其所为,所以动心忍性,曾益其所不能。"

要有成就,你得经过锻炼,所有的锻炼都不舒适。别提孟夫子列举的古人了,有没有听说过那些京戏的名角是怎样训练出来的?有没有听说过今天世运会的那些选手是怎样训练出来的?有没有听说过有一种夏令学校叫"魔鬼营"?收很高的学费,设计了很多方法折磨孩子。

今天的文明,千方百计让人舒适,造一部手机,也要集合各方面的专家,让我们看着舒服、拿着舒服、用着舒服,相形之下,拿书本就没有那么舒服。要思考一下吗?来读一遍这首诗吧。

诗云之三

龚自珍写的《己亥杂诗》第五首：

> 浩荡离愁白日斜，
> 吟鞭东指即天涯。
> 落红不是无情物，
> 化作春泥更护花。

这首诗的前两句，不过是说他骑马走在路上，由上午走到下午，还看不见目的地。后两句了不起，他看见路旁的落花，诗人常把落花看作衰败的现象，兴起悼惜之情，他脱出老套，指出积极的一面，文气在上扬中结束，有余不尽。

龚自珍是清朝后期的知识分子，有新思想，他已知道落花在泥土中分解为矿物质，做植物的肥料，由此可见新知识催生文学作品的创意。如此这般，"落红不是无情物，化作春泥更护花"，就有了下面的内涵：

> 失败为成功之母。
> 上一代的牺牲，下一代的精神力量。
> 退场也很壮烈。

好有一比：比赛中受伤退下来的球员，不管他是自己犯规而受伤，还是因为敌队犯规使他受伤，他在火线上尽了力，支撑了上半场。即使他没进过球，他也把球传给队友，队友进球，全队得分。即使他以后不能再上场，他还可以做教练，延续、光大了本队的历史。

有人说，这首诗是龚氏在不得志的时候写的，他勉励自己转换跑道，继续奔驰。这么说，其中还有一层意思，"上帝关了门，你自己打开窗子"。

诗云之四

咬定青山不放松,
立根原在破岩中。
千磨万击还坚劲,
任尔东西南北风。

这首诗是郑板桥写的,题在他画的一幅墨竹上,大家都认为这是板桥先生的独立宣言。

高山岩石多土壤少,有些竹子生长在岩石上,那是中国画家喜欢的题材。岩石有裂缝,裂缝里有风吹进来的土壤,竹子就在石头缝里扎根,竹子的根部蔓延很快,生命力很强,就靠石头缝里那一点点空间,那一点点土壤,它把岩石牢牢地抓住了,无论山上刮多么大的风,它也不会倒下来。

郑板桥大概要说,别怪祖上没有留下遗产,所以羡慕不义之财,你去看看山上的竹子。别怪自己没有很好的人事背景,所以东倒西歪没有原则,你去看看山上的竹子。别怪客观环境限制了你,所以不能上进,你去看看山上的竹子。

杨万里另外一首诗更有名:

> 万山不许一溪奔,
> 拦得溪声日夜喧。
> 到得前头山脚尽,
> 堂堂溪水出前村。

一般山水诗都写山水协调组成风景,他别出心裁写山和水的冲突。俗语说"水要走路,山挡不住",水不能越过山,但是可以绕过山,山无论多么大,不能把世界切断,而水的特性是一直找出路,绝不罢休。地理书上说,长江发源以后本来要往南流,也许会流入中南半岛,大山挡住了,水势转而向东,中国这才有世界第三的大河。

山不重要，重要的是水要走路。人生一世，阻碍挫折不重要，重要的是人的意志。水要走路，"左边碰壁弯一弯，右边碰壁弯一弯"，即使跌进坑里成了湖，湖满了我也要再爬出来。

郑板桥要我们看竹，杨万里要我们看水，两者好像冲突？不，没有冲突，看竹是看它向上，看水是看它向前。人生在世既要向上也要向前，向上求高度，向前求长度；求高度，有原则，有定力，坚决不动摇；求长度，有方法，有智慧，坚决不停止。我搜集的格言有一条是"即知即行，向前向上"。

当然，这世界上有人有守而不能有为，宁死也不肯变通；有人有为而不能有守，只顾发展没有道德底线。在这里我们谈不了那么多。

完人

——从前的错误就是将来的智慧。

总经理对人事室主任说:"调一个优秀可靠的职员来,我有重要的工作交给他做。"人事室主任拿了一件卷宗对总经理说:"这是他的资料,他在本公司工作二十年,没有犯过错误。"总经理说:"我不要二十年没有犯过错误的人,我要一个人,犯过二十次错误,但是每次都能立即改正,得到进步。"

谨慎自爱本是美德,但是倘若过分,就变成畏缩无能。在战壕里,战士倘若开枪射击,就容易使敌人瞄准他的位置,但是一枪不放的战士又如何立功?

人生有些痛苦是要受的,有些代价是要付的,有些过失是要犯的!但是只犯一次,不犯第二次。

考绩风波

——有些事,随时随地都可以做!有些事,到了时候才可以做。

老李年年考绩都是乙等。他一直努力工作想挣个甲等的荣誉,也好多加一点薪水,无奈甲等名额有限,竞争者多,总难轮得着他。老李没有发过什么牢骚,倒是有些同事为他不平。

且说这年,又到了下发"考绩通知单"的时候,老李接过封套,拆开一看,面色肃然,沉默不语。恰巧这时李太太来找丈夫,从老李手中接过那张印刷精致的纸片,看在眼里,苦在心头,作声不得,扑簌簌流下眼泪。

又是乙等!这是接连第几个乙等了?

这时恼了另外一个同事,他看在眼里,怒在心头,把桌子一拍,挺身而起,抓起老李的考绩通知单便走。大家愕然!老科长立即离开座位跟在后面。

在室外走廊上,老科长喊那位同事停步,问他到哪儿去。他说:"去找那个决定考绩等次的人,掀翻他的桌子。"

老科长说:"倘若如此,那可把老李害苦了,以后十年,老李仍然是乙等!"

"难道我们不能说一句公道话吗?"

"能!能!然而不是现在,现在你满腔怒气,人在盛怒中不可作任何决定,你在情绪十分激动的时候最好不要说任何话,你要静一静,等一等。"

"等到什么时候?"

"啊!最好等到你对同人考绩有影响力的时候,等到你有法定的发言权的时候,甚至,到你自己主持考绩业务的时候,你再不动声色地补偿老李,悄悄地减少天地间的不公平,你该朝这个目标努力。在这一天没有来到之前,你什么也不必说,更无须掀翻任何人的办公桌。"

科长走了,这位朋友独自在走廊上抽烟沉思,香烟头丢了一地。终于,他心平气静了,他把香烟头一一捡起来,回去办公。

致命的预言家

有一个受过高等教育的人,双目失明,无亲无故,由一家私立的救济院勉强收容。我当时由于职务的关系跑去看他,希望能为他做一两件事情。

探问之下,知道他的眼睛并没有全盲,还可以隐约发现近距离的桌子和床铺。他的英文程度不错,也能打字。我非常兴奋地劝他接受一种听录音带打字的工作,他一面摇头叹气,一面表示希望能换一家规模较大、设备较好、待他也比较和善的救济院,在里面终其余年。他的年龄不过四十岁,但是他说:"我已经不能工作,再过几个月,我的眼睛就要完全看不见了。"

后来知道他为青少年写过一本通俗科学的书，上海商务印书馆出版，这本书我在读小学的时候读过，对他多了几分关切。我们下次再见面的时候，他果然已经变成了一个完全的瞎子。我建议他去接受盲人的某种技能训练，他连声叹气："这里的空气太坏，很容易叫人生肺病，我恐怕已经得病了。"

果然，下次见面是在病房里了。我当时对于他"料事如神"十分惊讶，后来阅历渐多，知道他的生存意志崩溃，虽然具有若干条件能够较好地生存，也无从发挥，他的精力和知识都用来设想各种最坏的情况。对于这种人，灾难终究是要临到他头上的，说起来一点也不意外……虽然叫人很难过。

这人去世的时候我去参加了他的葬礼，他是我生命中的教材，对于他，我要留下最深刻的印象。后来我对另一种人也特别有兴趣，他们明朗而乐观，永远期待会有更好的事情发生，为此努力不懈，奋斗进取，果然，他们大致都已经如愿以偿。

四

谈老板

老板论

——老师造就人才,老板消耗人才。

千余年来不知有多少人讨论过"用人唯才"还是"用人唯贤"。可是选择老板究竟"唯"什么?德行第一还是才干第一?也该有人认真讨论一下。

在我看来,一个本领高强、心地败坏的老板是可怕的,我们宁可追随一个作风仁厚的人,即使他没有大开大阖的气魄。

第一等的工作环境是老板有德、同事有才。第二等的环境是老板有德、同事也有德。最坏的是老板有才无德,而无能的同事百依百顺、唯命是从,那是世间的险地。

幼稚对老辣

——正义不死,因为它永远"幼稚"。

有一个小小的单位更换了主管。新主管到任以后,很注意两个年轻而又富有正义感的男职员,知道他们都还没结婚。

新主管的第一个措施是取消各办公室所订的报纸,于是这个小单位变成二十世纪一个没有报纸的地方,大家沉默无声,只有那两个年轻的职员提出抗议,主管置之不理。

不久,这位主管下令在宿舍里加装总开关,控制用电,每晚十点钟切断电源,宿舍里所有的人陷入黑暗。有人正在洗澡,电灯突然灭了;有人正在流鼻血,电灯突然灭了。大家抱怨,但是只能窃窃私议,两个青年人又提出抗议，依然无效。

最后，有一个同事因为母亲生病，要求借支一笔钱，主管断然拒绝，仅提议由同人捐款支应，大家哗然，那两个青年更觉得忍无可忍了，他们认为这样恶劣的环境怎能安身效命，一怒辞职。当然，主管会立即找两个人来填补。

主管的作风突然改变，办公室的报纸恢复了，宿舍的总开关拆除了，同人借支也定出了合理合情的办法。大家都认为是那两个青年辞职产生了效力，然而不是，完全不是。那位主管有一天吐露了秘密：他想安插自己的两个学生，需要两个空缺。他认为唯一的希望是这两个年轻人辞职，这两个人没有家累，没有世故经验。

培根说过，单身的年轻人是最好的朋友，最坏的部下。果然，故意做一点不合理的事激怒他们，他们冲动了，忘我了。

这个故事传遍四方，可是那两个青年一直不知道。

让刀生锈

——懒惰常和侥幸结婚,生出愚蠢。

我的一位乡长主持某公营机构,他的部属中间有些人疏懒狡猾,不肯做事,他任凭那些人逍遥闲散。另一些勤劳奉公的人大为不平,颇有怨言,我的那位乡长安慰他们:"不要紧,现在不肯做事的人,终有一天想认真工作,那时,他们会羡慕你们。"

当时,没有人听懂他说些什么。我以为这是敷衍门面,官样文章。公家机构,百年积弊,多少员工凭他的背景活着,新任主管恶恶而不能去,他又能怎么办!

老天在上,十年过去了,劳逸不均依然,可是任劳任怨的人都已磨炼成器,颇孚众望,其中有些人已担任重要职位，由于能够对社会贡献自己而神采奕奕；当年投闲置散、自鸣得意的人，除了怠惰和暮气之外，一事无成，在本机构以外没有发言权，在本机构以内没有影响力。他们果然想认真工作了，他们开始羡慕那些曾经流汗的人，可惜已经没有他们的机会，因为抓牛要抓牛头，牛尾是抓不住的。他们依然闲下去，面色灰暗，双目无光，等待老死。

林肯说："工作是抵抗烦恼的工具。"事实上岂止如此？工作的人对社会贡献自己，社会将给他回报，他将感到快乐和兴奋。拒绝为社会服务的人，社会跟他之间隔了一层薄膜，看似透明，水分养料却断绝了，这样的人消耗自己有限的生命，成为片片黄叶，萧萧而下。

"对付一把刀最好的办法是让它生锈"。我那位乡长果然厉害，太厉害了，不能做老师，只能做老板。

白吃的午餐

——天下也有白吃的午餐,可是你吃不得。

乡下,一个无所事事的懒汉打开电视机,看见连续剧里面有一个流浪汉怀才不遇,没有饭吃,后来好运亨通,当上了总经理。他认为大城市里面机会多,就跑到台北,躺在公园里的长椅上等待。

果然,有一个西装笔挺、红光满面的绅士拍他的肩膀。果然,他走进有冷气的办公室当上了总经理。他把身份证、图章交出来,领到一个沉甸甸的薪水袋。他什么事都不必做,一切业务由那个西装笔挺的人处理。他自己也西装革履,与以前判若两人。他有足够的时间打牌、跳舞、看电视、喝酒。他喜欢这些,果然得到了这些,他厌恶工作,这里根本无须工作。

三个月后,警察来到电视机前把他"请"出去。他所在的公司是一个欺诈组织,借了许多钱,也开了很多空头支票,这一切都是以他的名义,因为他是总经理。他呼冤也没有用,证据确凿,法网难逃。这回轮到人家在电视上看他了。他住进一个没有酒、没有麻将、没有电视的地方,那是监狱。

在工商业社会里,文艺作品也商业化了,大部分文学作品设法激起人们的欲望,却没有告诉人们如何满足这些欲望,沉湎在这种作品的读者就逐渐变成一个不会生活的人了。不会生活的人,对生活的期望反而很高,各种骗子应运而生。一个素不相识的人,突然打电话来:"恭喜你,中奖了,奖金一百万,不过你要先交十万元的保证金,你可以把钱汇到某一个账户。"这样的电话,破绽百出,居然有很多人相信,连忙把钱汇过去,而且连续三十年了,年年有一批人上当。

适者生存

我以前对老板用人常有意见,总觉得他弃置了最好的人才,直到有一天我在百货公司怔住。

百货公司由奢侈品到廉价部货色很多,顾客摩肩接踵,每个人都在买东西。我问一位柜台服务人员:"生意真好。是不是东西愈好买的人愈多?"

"那可不见得",我永远记得她的黑眼珠一转,"每个人都是来买他最合用的东西,而不是来买最好的"。

对,合用要紧,好坏其次,每一个老板用人恐怕都是如此。

临时想一想

老板要小赵拟一份计划书。小赵花了三天的工夫细心构思,再把内容概要向老板口头报告。老板听了,加上两点指示,连连点头说:"好,就这么写。"

小赵把计划书恭楷缮正,送给老板。老板看了,皱着眉头提出几点要他修改。他心里十分纳闷:"不是口头请示经你同意的吗?怎么好像变成我的过失了?"

计划照老板的意见改好、誊清,再送上去。老板看了,又说这里要改,那里要改,而且强调有一个地方"非改不可"。这个"非改不可的地方",却正是老板上次自己提出来的。

小赵的心凉了,他断定老板心存成见,故意找他的麻烦。老板这样做,分明是希望他辞职,他决定不干了。

我听说小赵有这样的苦恼,连忙告诉他:"你弄错了,我担保老板绝对没有意思赶你走路。"

小赵反问:"他为什么要朝令夕改、出尔反尔呢?"

"那绝对出于无意,他自己并不知道自己做了什么。你得了解,所谓老板,是'只有当部下前来请示的时候才想一想'的人。他事先并没有通盘考虑那个计划的细节,你向他请示的时候,他才开始想一下。他在你每次请示时随机产生意见,在第二次提出意见时,业已忘了第一次提示过什么,因此你觉得他无恒、善变、不怀好意。"

"你怎么知道?"

"我是过来人嘛!我起初也不了解老板是什么样的人,后来知道天下的老板多半如此,你一定得了解他们,适应他们,直到你自己成为老板为止。"

没错,小赵每天都要花几个小时想他承办的这件业务,老板只能在小赵前来请示时想十几分钟,无论老板多么英明,都难免想不周全。所有的工作计划都该用铅笔写,老板要擦掉哪里就擦掉哪里。难怪小赵慌了手脚,他在家庭里、学校里都不会碰见这样的人。

小赵立即从善如流。现在这个问题已经完全成为过去,他现在自己也是老板了。当他独自拥有一尘不染的办公室顾盼自雄的时候,他也曾提醒自己虑事要周密,思路要连贯,要讲求方法、节省时间。可是到头来也免不了犯"心不在焉"的毛病,因为他已经成为"等部下来请示时才想一想的人"。

政治第一

从电影上看到日本剑侠葵新吾的故事。

葵新吾是一个诸侯庶出的儿子,有一个尴尬的身世,不能在宫中安享天伦之乐和政治地位的尊荣,于是浪迹天涯,成为剑客,除暴安良,杀人无算。这个故事被注入各方面的主题,最发人深省的一段是:老百姓一致跪求葵新吾结束流浪,回到宫廷,取得亲王的身份,辅佐国王治国。因为造成社会公平和生民幸福的是政治,不是剑。

这部电影在提醒世人:无论无政府主义者有多少理由,政治组织仍然是人类智慧的长期结晶。政治家如能防患除恶,他的一个决定胜过一个剑客终身的冒险。政治中人如果贻患布恶，剑客虽劳碌不息，也终将发觉于事无补。

我想，我们这一代不知道有多少人曾梦想自己成为剑侠，不知道有多少人把希望寄托于忽然踏着屋檐走下来的剑侠。可是虬髯客没有来，展大爷也没有来。即使他们来了，恐怕对社会也没有什么好处。还是把希望寄托到政治上面吧，只有这部叫作政治的机器正常运转、只有政治家的作为高明，我们的乡党朋友、我们的子孙，以及与我们休戚相关的千千万万人，才可以享有美好的未来。所以我们要拥护好领袖，自己做好公民，或者"我"自己挺身而出，做民众的公仆。

武侠名著拥有极多的读者，我也爱看。看来看去，总觉得那是奇才异能之士在畸形的环境中作出畸形的发展，是善良之士在压抑之下喷发的愤激。"以武犯禁"并不能建立一个合理的社会，无论如何还得仰仗政治，即使是扶东倒西、不断摸索的政治。

退休者的机密

——"逢人只说三分话。"(必须是实话)

我(这个人并不是王鼎钧,采用第一人称不过为了叙事方便)跟老板之间隔了一层"主管",这位主管对老板极其忠实而体贴,处处以老板的喜怒为喜怒,以老板的利害为利害。但是有一件事我们实在不懂,每有机会,也就是说在老板绝对不会听见的场合,这位主管总是痛诋老板的人品行为,毫不留情。

我问一位同事:"这是怎么一回事?"他是一个相当洞明世事的人物。"啊,这个问题,等我退休以后再答复你。"他说。

后来,他退休了。此时他已升到很高的职位,住在铺地毯、有空气调节的公寓里,受邻舍和朋友的尊重。我们相处一向和谐,他还记得当年许下的承诺。他说:"你到舍下来,咱们谈谈。"

他终于对我吐露了内心的机密:"主管接近老板,得到老板的信任,一定要尽最大的努力增进这种优势。最要紧的是努力防止老板周围再出现新的竞争者。老板究竟是一个什么样的人?这是每一个员工都关心的问题,而老板身边的人才有资格提出答案。如果你们知道老板宅心仁厚,处世讲信义,背景强大,前途无限,你们岂不个个跃跃欲试,想跟老板接近?你们岂不是都可能成为新的竞争者?所以他要丑化老板,使你们都一起起了恶恶之心,耻于接近,他就可以独享其成了!

"我看穿了他的用心,我设法躲开他的视界跟老板交通。那主管虽然也经常对我说老板如何不值得敬重也不值得信任,对我却产生了完全相反的效果。每次,我听他这样说过以后,更加违反他的期望,把老板当作一个偶像,努力追随适应,设法赢得老板的器重。我绝不上他的当!"

说到这里,他笑得很自然,非常满意地看了一眼宽敞豪华的客厅:"我今天能住在这座房子里,全靠那主管无意间的督促和提醒!"

我问:"你为什么不早一点告诉我?"

他笑了,"这些话要等到退休以后才可以说,现在告诉你也不迟。你还年轻,离退休的日子还远得很!"

新进,谨慎前进

小弟离开学校,进入社会,碰上一些复杂的事情。他在一家公司里做练习生,在课长指挥下跑来跑去。这天,课长中饱了五十万元,取出五千元送给小弟,小弟起初不收,课长脸色一沉:"为什么不收?你想做什么?"小弟抵挡不住,只好先把钱留在口袋里再说。

五千元钞票使小弟心情沉重,口袋发热。这五千元不该收,但是,哪有不收的自由?得罪了课长怎么办?课长,课长,你不必用钱塞住我的嘴,我一定替你保密,绝不外泄,可是课长怎会相信?他回去告诉父亲,父亲也大吃一惊,不收这笔钱,似乎是向课长挑战；收下这笔钱，分明是向法律挑战。年轻轻的，前途无限，误触法律固然可惜，失去职位也很糟糕！

小弟的父亲想出了一个两全其美的办法：五千元算是收下了，表示自己跟着下水，让课长安心。实际上用课长的名义，悄悄把这笔钱捐给孤儿院，孤儿院的收据要好好保存起来，万一有一天东窗事发，就取出这张收据交给法官，不管法官怎么说，自己对良心，对人格，总算有个交代！

做这件善事不能让别人知道，尤其不能让课长知道。小弟花了许多工夫，打听哪一家孤儿院规模小，地点偏僻，院中没有人认识课长。捐了钱，再三叮咛他们不要发新闻。捐款人善门难开，为善不欲人知，慈善机构都能理解。

不久课长升了组长，小弟也升了组员，成为组长的亲信，一再收到课长打赏的红包。他没有瞒着父亲，父亲也不改初衷，这里那里，找地方替课长捐钱，嘱咐他们为捐款人保密，自己留下收据。

这件事你不知我不知，但是终于被整肃风纪的机构知道了，课长上法庭，小弟是共犯。这时候，小弟也不小了，也经过了一番历练，在法庭上交出收据，声泪俱下，就业艰难，顶头上司不能得罪。

结果如何，你一定猜得出来。

一包香烟的考验

——圆球堆不高,方块滚不远。

话题是由眼前一件事情引起的:某报社的社长带着太太到露天球场看篮球比赛,采访体育新闻的记者当然在场。社长的烟瘾大,伸手一摸,口袋空空如也,随口就吩咐报社的记者"你去给我买包烟来"。

第二天,消息传开,外勤记者见了面,你问我,我问他,"如果你的老板叫你出去买香烟,你怎么办"?

于是我想起下面的场景:

某处长到职以后,开始逐个了解属员。某天,他问左右:"×长的电话号码是多少?"立刻有一个职员飞快地打开电话簿,送到面前。处长觉得此人反应敏捷,服务热心,将来或许可以大用,就在记事本上写下他的名字。

处长讨厌打火机,又常常忘记带火柴,每逢掏出烟来,常觉手足无措,这时候,那个"反应敏捷,服务热心"的属员就抢上一步,"咔嚓"一声,把火送到嘴边。但处长发现此君根本不会吸烟,带火完全是为了伺候人。这是担当重任的材料吗?他掏出日记本来,在此君的名字下面加了一个"?"。

"反应敏捷,服务热心"的人,自有一套本事把处长公馆上上下下弄成熟人,于是也常常陪处长太太打牌。处长太太脾气很大,手气不顺的时候胡乱摔牌,此君却没口称赞处长太太牌艺高超。有一天,处长太太心烦,一张牌摔下去跳起来,飞进便所的大门,落进抽水马桶里去了。此君立即离座,捞起这张牌,冲洗一番,放回原处,并且说:"太太,我用肥皂水洗干净了。"

处长看见这一幕,就掏出日记本,把此人的名字划掉,不再考虑给他重要的职位。

五

防人之心不可无

沙盘推演

"一日之计在于晨",这个"计"是什么意思?用今天的话来说,就是沙盘推演。

沙盘推演本是军事术语,大军开到前线,敌我对峙,战争一触即发。这时候,指挥作战的统帅在地上用沙土、石块给战场做一个模型,这里有高地、有河流,那里有平原、有村庄,附近还有公墓、有树林,这个模型叫沙盘。在沙盘上面,敌军分布在什么地方,给它们插上小旗,我军分布在什么地方,也插上小旗,统帅居高临下看沙盘,设想敌军会从哪边进攻,我军怎么迎战,也设想我军怎么进攻,敌军怎么迎战。这叫沙盘推演。

后来工商界接受了这个观念，不是说"商场如战场"吗？大家争的是市场，你跟同行怎么竞争，事先也有演习，造就商业人才的专门学校里有一门课，就叫沙盘推演。接下来，这个观念也影响了个人，不是也有人说"职场如战场"吗？大家争的是职位，永远是候选人比职位多，彼此较量，也要有个盘算。

我们常说"两小无猜"，无猜就是彼此都没有沙盘推演。那是人生的一个阶段，迟早要结束。到了"两大"，你无猜对方也要有猜，对方既然有猜，你也就不能无猜了！无可奈何花落去！你早晨戴上帽子出去开会，会议是一个互相挤压别人空间的地方，你要想一想，某甲大概会说什么话？某乙大概会提一个什么样的案子？我怎样对付？这样你就不会嫌等公车等得太久，一路上公车开得太慢，散会以后，你吃午饭的胃口也不会太差。

如果你恋爱了，哈，那就要忙上加忙了，"情场如战场"，战场讲究"多算胜，少算不胜"，这个"算"就是算计，就是沙盘推演。不要只顾"才会相思，便害相思",相思病只能使你成为诗人,不能使你成为新郎。一步踏进情场,不要读《少年维特之烦恼》,要读《少年维特之沙盘推演》。哪有这样一本书?如果没有,你就准备自己写。

一日之计

一日之计在于晨。一个哲人说过,每天早晨,当我戴上帽子准备出门的时候,我要想一想:今天我可能犯什么错误?今天可能有什么人嫉妒我,要打击我,陷害我?

自己犯错和别人陷害,是一件事情的两面。"犯错"给别人打击的机会,而别人的打击却可能使身受其害的人乱了方寸,犯更多的错误。每个人可以自己勉为君子,但是很难防止别人变成"小人"。

每个人都可以仔细选择好像是君子的人结交来往,但是难以防止看来像是君子的人突然有了小人的行为。在这竞争激烈、道德观念转变的现代社会,这几乎是不可避免的。打击陷害别人的技术,随着时代的进步也不断有新的"发明",预防的方法却没有什么显著的进展。于是古今贤哲都劝人要经得起、受得住、不偏激、不愤怒、不忧郁、不憎恨,在打击下提高自己的内在修养,让时间来解开一切捆绑。信不信由你,他们的话常常灵验。

一日之计也在晚上。银行每天下午三点半钟关起门来结账,隔着玻璃门,可以看见他们比上午更忙碌。他们每天都要把当天的账目弄得清清楚楚,不拖延,不马虎。做人也要定期"盘点",大盘点在年终,小盘点在每天睡梦之前。

从前有一个人,每天要接见很多宾客,或者要出去办很多事情。晚上,他一个人坐在书房里,想下面的几个问题:今天使我敦品励行的人是谁?今天使我增加智慧的人是谁?今天使我浪费光阴的人是谁?今天使我闯祸惹麻烦的人是谁?今天使我贪图享受、羡慕苟安的人是谁?他不但自己这样做,也劝别人照做。他的意思是做人也要像做生意那样,每天把账目弄得清清楚楚。如果赚了,继续努力;如果亏了,赶快改弦更张,免得一败涂地。

很多人到了老年才盘点,如果盘点只有这一次,一生浑浑噩噩,盘点就成了后悔,后悔于事无补,有害健康。所以劝世的人主张老年要忘记,最好像庄子说的那样,连"忘记"都忘记了。这个境界无论你把它捧得有多高,也只是减轻损害罢了,好在年轻朋友离那一步还遥远,现在我的建议是平时盘点尽其在我,老年无悔尽管来个总盘点。

你真傻

——上帝的磨子转得细,魔鬼的磨子转得快。

某君想搭乘公共汽车,没有零钱,就在班车过站时向车掌扬一扬手中的百元大钞,意思是"你有没有零钱找给我"?车掌连忙摇手,迅速关上车门,意思是"我没有那么多的零钱"。一连好几班车都是如此。

朋友对某君说:"你真傻。你应该不容分说,跨进车门,再让车掌找钱。到时候,车掌自动会把所有的零钱都给你。你上车之前,有没有零钱是你的问题,她不会主动替你解决,你必须把你的问题转变成她的问题。"

某君如法炮制,果然灵验。当然,车掌的脸色相当难看。车掌也有朋友,朋友对她说:"你真傻!何必把零钱全都找给他?车到下一站有售票亭的地方,你可以叫他下车买票再上车。"

这样,某君要从乘客中挤出来,快步跑到售票亭买票,再跑回来挤上去,相当辛苦。朋友又说:"你真傻,你尽管从容买票,从容登车,让全车的人都骂车掌。"车掌果然挨骂了。车掌的朋友又说:"你真傻,那人下车买票去后,你只管关门按铃开车,让他坐下班车好了,何必等他?"

自然,某君这一回屈居下风,又会听到"你真傻"!你最容易听到的一句话就是"你真傻"!大家努力想一些花招对付别人,但花招层出不穷,永无休歇,结果人人真的做了一辈子傻子。

层层选拔

文中子早就警告我们:"先交后择,多怨。"但不择如何能交?

只有把"交"与"择交"分成两件事。偶然合作,事后分手,彼此都把对方忘记了吧,这是交而不择。还有一种是长期共事,交往频繁,对方并非我希望结交的朋友,只能称为同事,这是择而不交。还有一种就是终生为友了,终生为友的人是从长期共事者当中选择而来,长期共事的人又从偶然合作者中选择而来。

"交朋友"的"交"字本含有主动选择的意思,这种选择,也就是对人的批判。人生在世,要能不断地批判别人，也要能经得起别人一再批判。

好朋友等于一尊活菩萨。

人人都是媒体

某甲、某乙,都是你的朋友。这一天,某甲来到你家,批评某乙,表情愤怒。他走后,你怎么办?

传统的道德诫命教我们不可"搬弄是非"。某甲可能是一时的快意之言,倾诉之后,雨过天青,某乙并不知情,两人仍然继续做朋友。一旦说穿,某乙对某甲就有了隔阂和敌意,而隔阂足以制造更大的隔阂,敌意又足以激荡更多的敌意。两人之间,从此多事,说不定翻脸成仇,传播口舌是非的人岂非罪过?

现在我知道问题并非这样简单。某甲对你数说某乙的过错,可能是自己不便当面向对方提出抗议,正要借助你居间透露,让某乙有所解释或修正,预料某乙也愿意这样做,三缄其口反而使双方失望。还有,某甲的"牢骚"不会只对你一人发表,某丙某丁也有机会听到,你不传达,别人也可能传达。最后,你被认为是"蒙蔽某乙,帮助某甲掩饰"。

面对这样复杂的因素,聪明人终于想出因应的办法。他静听某甲的"控诉",然后说:"应该有人把你的感觉告诉某乙,给他解释或修正的机会,这里面也许有误会。"甚至你可以当面提问:"要不要我把你的感受告诉某乙?"通常某甲不会坚决反对,他同意,或者默不作声,那么等某甲告辞出门,你就抓起电话,拨某乙的号码。

人跟人不一样,也有人认为自己多一事不如少一事,他在某甲向他诉苦的时候迎头拦截:"咱们今天不谈这个。"也有人另作判断,来人向他发泄之后,可能后悔了,怕对方知道,如果后来对方知道了,还以为是他通风报信呢。他立刻对来诉苦的人画下防线:"你刚才讲的话,我决不会传出去。"

人格层次

——宁为栩栩如生的标本,不做死气沉沉的活口。

君子仍然是君子,可是君子的言行今非昔比。

同一状况,另作假设:"老张和老李都是你的朋友,如果这两个人发生严重的争执,你居身其间,该怎么办?"

该怎么办?我不能坐视,我要去找老张,委婉地指出他犯了错误;再去告诉老李:"老兄!你也有站不住脚的地方!"我要让双方都知道自己错了,促使他们反省、软化、和解,增进友谊和道德修养。

现在我发现这种做法相当危险,老张老李都不会接受你的好意。你得当着老张的面支持老张,当着老李的面支持老李,取得他们的好感,然后来一个"可是……",提出必须息争的理由。只要你能够化戾气为祥和,仍然是一个够格的君子。

有人不愿意做君子,只想做"人",一个平凡的人。他默察张李二人谁是强者,对那强者说:"你是对的。"在两边的纠纷没有解决以前,他竭力避免跟弱者见面,一旦见了面,这位弱者免不了有一番诉说,无法洗耳不听。既然听见了,无法不点一下头或摇一下头,而点头摇头皆非所宜。

还有人专心致志做"小人"。他对老张老李说一样的话:"跟他干到底!你一定胜利!"在真面目没有拆穿以前(通常很难拆穿),老张老李都认为这个人有正义感。哈哈!正义感!记住,这是现代社会中最豪华的奢侈品,不要以为可以等闲得之!

小人,人,君子,由低到高。有人像猴子爬树一样,忽上忽下。休怪他,他本是猴子。欣赏他吧,如果他进了马戏团,你得买票才看得见。不要对这样的人期望过高,他只是一个"人"。

弃友

交朋友一定要经过谨慎选择。有几个必须这样做的理由:一、我们要对朋友忠诚,这样就必须考虑他是否值得我们效忠。二、朋友对我们的思想言行产生很多影响,这样必须考虑他会对我们产生什么样的影响,是不是值得接受。三、有些人观察我们怎样对待朋友,以便决定怎样对待我们,但是另一些人则观察朋友怎样对待我们,以便仿效。

朋友是我们人格的投影。

航海有时需要"弃船",人生有时需要"弃友",二者皆是非常之举。交游选择错误,或朋友的人格起了变化,这就发生如何由朋友变成非朋友的问题,弃友不得法往往使一个庞大的正数突然变为负数，殊非吉事。

朋友与仇敌亦如剃刀边缘。

听人劝

一

某人在经过多次失败以后，反省检讨，发觉自己犯过很多错误。

"当时，怎么没有人劝我呢？我不是有很多亲戚吗，不是有很多朋友吗，不是有很多领导、同事吗，他们怎么变哑了？"

他的回忆充满了气愤。他觉得亲戚、朋友、领导、同事都对不起他，都希望他失败，都用恶意陷害的态度看他。"这些鬼！"他痛心疾首。

二

某人阅历加深了，再仔细想想过去的事，觉得倒也未必是别人的错。过去，当他犯错的时候，没有谁劝他、提醒他，是因为他自己平时没有选择这样的朋友，没有培养这样的交情，他也没有给人家留下一个"听人劝"的印象。人家觉得他有点儿任性，有点儿自满，并不需要别人的意见，犯不着、不值得替他出主意。

于是，某人决心在他的生活环境里物色几个劝善规过、出谋定计的朋友，好好地结交一番。这种人要有清楚的头脑、火热的心肠、明晰的口齿、义勇的精神。他找到了这样的人。每次面临严酷的挑战或重大的抉择，他总是找一个这样的人来商量一下。结果……

三

他还是失败了。怎么搞的？究竟是什么地方不对？经过一番细心的检查，毛病找出来了，别人向他提出意见的时候，总是先加一番斟酌，使那意见在采纳实行之后，绝不会妨碍自己的利益。每个人总是先顾自己，然后才想到朋友，即使是好朋友。如果一个构想能使你赚十万元同时也足以使他自己损失五千元，他就不会把这个构想提出来。他如果修改这个构想，保全自己的五千元，其后果可能使你反而损失一万元。他会精打细算，而不是披肝沥胆。

他知道了，向一个智囊人物请教的时候，先从几个角度考虑一番："这件事跟他的利害、好恶、偏见有任何关联吗？他能够完全客观而超然地发言吗？"走到这一步，也就不要埋怨任何人了！

向你介绍我写过的一句话："为他人编写剧本的时候，要想一想自己在其中担任何等角色。"你可以成就武松、成就周处、成就卞庄，但是自己不能做老虎。

迷你战争

——早临的逆境是福,晚来的逆境是命。

有一个官吏想排挤他的同僚,向老谋深算的师爷问计。师爷问:"其人最近的言行举止如何?"

"他的工作辛勤,但表情轻松;他的生活清苦,但操守廉洁;他的处境孤单,但无怨无尤。"

师爷摇头说:"毫无办法,你现在打不倒他。还是忍耐一下,以后再说吧!"

三年以后,蓄意发动攻势的一方又来找师爷商量。师爷又问对方的言行举止。回答是:"对方工作辛勤,但表情烦恼;操守廉洁,但言谈偏激;不求闻达,只饮酒博弈。"

"情况大有进展,露出一线希望。不过,你想除掉他,目前还言之过早。"师爷说。

又过了三年,旧话重提。那个被放在"计算机"里的人此时的景况是"表情倔强,言语沉默,纵酒享乐"。师爷说:"是时候了!他已经觉得不耐烦,他开始感觉不值得,他有了绝望和自暴自弃的心情。他必然焦躁易怒,甘居下流。你的机会来了!"

"我应该怎么办?"

"第一,设法刺激他,常常给他一些小小的杯葛,他会受到别人看不出来的伤害。

第二,利用各种机会告诉你的同事、长官,说他是个多疑善妒的人,使他没有对象可以诉苦。

第三,对他制造较大的争执,使他崩溃。"

"然后呢?"

"然后你就成功了!不过,你要永远记住你是怎样成功的。一个人什么时候觉得不耐烦、不值得,他的前途就已到终站,他已难以适应自己赖以生存的环境。"

这人依计而行,果然奏效。为了记取这一战役

的宝贵经验,他写了几句话放在案头:

  任劳不任怨,无功;
  任怨不任劳,无用。

六

做好自己

你的跑道

人生是战场吗？你也可以说它像球场。

科布（T. R. Cobb）是美国职业棒球界最杰出的球员，他打了二十三年的棒球，跑垒的时候，就像黄河决口，滔滔莫之能御。如果对方的球员到跑道的边线上来接球，往往经不起他连冲带踢，四脚朝天，吃了亏的人只有知难而退，不能向裁判告状。因为根据棒球的球规，跑垒员有权在跑道上"自由行动"。

你不打棒球，可是你也有你的跑道，例如你的学业、事业、家庭责任、朋友道义等。问题是在实际的人生当中，难得有一个教练把你领到"球场"中间，指着边线告诉你这就是你的"跑道"。缺乏跑道观念的人，难免瞻前顾后，踟蹰不前，以致失误频频，不能上垒。

跑道为什么要画得那么窄？因为它是属于你一个人的，所以你要勇猛精进，勇往直前。

许个愿吧

一个有智慧的人,一旦热烈拥护他的信仰,也会言过其实。例如卢梭,他说万物本善,经过了人的手变成了恶的。万物本善?姑且不谈,原子能变成原子弹,不能说是善,青霉素变成抗生素,不能说是恶。

我读到卢梭这句话的时候,还看到一条新闻,有人用五百美元买了一个凶手去杀死他的情敌。为了五百美元,怎么值得?不能说这是五百美元的罪恶,这五百美元到了另一个人手中,他可以让五百人在旱灾中喝到矿泉水,让五十个饥民吃饱,送五个病人进入诊所,这些钱都会变成善的。

立个志、许个愿吧,我的手要使万物变成善的。

还是自己去做吧

在电影欣赏座谈会上,一些人猛烈批评当代中国的电影,在座的几位名导演略有辩解。轮到我发言的时候,我起来说:"诸位都是对电影艺术有抱负的人,但是最好不要把自己的抱负加在别人身上,要他们代为实现。别人有别人的想法。一个对电影有抱负的人,与其希望别人的电影照自己的意思拍,不如自己动手拍电影。唯有自己拍出来的电影才会符合自己的艺术观,满足自己的表现欲。"

天下有许多事都可以用这种态度对待:不干预别人的工作,做好自己的工作。

只要功夫深？

李白（也有人说是孙膑，民间传说常常张冠李戴，现在且不去考据）读书、逃学、出走，看见一位老婆婆坐在路旁磨一根铁杵，这位老婆婆说出"只要功夫深，铁杵（也有人说是钢梁）磨成针"的名言。

老婆婆拿来磨针的这块铁，既称钢梁铁杵，想必不小，如何磨得动？有人代为设想，说并不是拿铁往磨石上磨，乃是手里拿着磨石往铁上磨。这样，恒心固然可佩，方法也未免太笨了吧！

造针有造针的工具、方法。读书也是一样，读书当然要下苦功，但是精力的使用要以必需的工具和合理的方法为前提。

今天的李白如果逃学,你得带他去参观炼钢厂才行。

北极鸟

在北极那样寒冷的地方,也有鸟儿可以生存,也有猎人到那儿去打鸟。

气温实在太低了,这些鸟挤在一起取暖,越聚越多,几千几万只鸟你挤我、我挤你,形成一个大圆圈儿。圆圈外缘的鸟拼命往里挤,全心全力要挤进中心,里面的鸟拼命抵抗,希望保住自己的位置,挡住外来的侵扰。几个欢乐几个愁。忽然,外缘的鸟奋斗成功,向圆心步步靠近了;忽然,里面的鸟抵抗失利,歪歪斜斜退到边缘了。它们扰攘不息,远望如一团骚动旋转的星云。

这些鸟的全副精力既然用在挤进和钻回,就顾不得猎人在附近窥探，也不管枪声随时会响，而枪声一响，便会有一只鸟倒地流血。于是猎人围着鸟群射击，使圆形的鸟阵步步缩小，像削瓜一样削掉一层又一层皮。

这些鸟儿应该改变姿势。首先，它们聚居时应该头部向外，眼观四面；其次，它们应该轮流担任哨兵，注意警戒。这样一旦发现猎人的踪迹，前哨告急，后方应变，大家都可以得到安全。

这话一点儿也不错，可是，谁愿意在冰天雪地之中孤零零地当风而立、登高望远？谁来忍受酷寒负责团体的安危？谁也不甘心。它们至今仍是把头插进同类的隙缝中猛钻，把屁股留在外面挨子弹。它们完全不能吸取经验教训，借鉴成败兴亡。

人呢？史学家汤因比（Arnold Joseph Toynbee）说，人类从历史得到的教训，就是"不肯接受历史教训"，听此公总结，想北极鸟，心中悲哀。想读翻案文章，找不到；想写翻案文章，安得"梦笔生花"，一觉醒来有了史学史才。

迷途知醒

——梦中迷路醒来找。

有一个人经常梦中迷路,梦境险恶,使他精神痛苦。

他遍求名医,诉说病情,再三问:"有什么办法可以让我在梦中找到路?我快要疯了。"

有一个医生说:"下次,你如果梦中迷路,就赶快醒来。记住:梦中迷路醒来找。"

做梦多半使人不愉快,像小说家描述的那样能补足现实缺憾的梦,可能没有。人能自己决定从梦中醒来吗?能,如果你决心要醒,就会醒。问题是人在梦中挣扎,什么想法都有,唯独忘了觉醒。

听说有人发明了一种闹钟,你如果做噩梦,它就响,直到你醒来为止。有这样的产品吗?我怎么买不到?

当局者清

"旁观者清",这话只在简单的事务、简单的社会适用。现代社会的事务往往异常复杂,非深入局内是无法了解的。

仍然用山做比喻:不论是观赏山中的风景,勘探山中的矿藏,采集植物动物的标本,描摹峰峦的线条,都得"裹粮入山",充分用心观察,甚至"行到水穷处,坐看云起时",浑然与山化为一体。"要识庐山真面目,必须身在此山中。"

正因为世事复杂,局内人有口难言,我们只好听旁观者解说,说者一知半解,印象模糊,听者轻信盲从,化为行动。有些当局者到退休后才说,到临死前才说,晚了!大江一去不复返。

秘密天平

员外客厅里放着一具天平,谁也不知道摆一具天平在客厅里有什么用。

后来,员外病危,才对他的儿子透露:"那天平是称人用的。你出来会客的时候,先看它一眼,让它提醒你。来客是不是一个能奋斗、肯上进、有出息的人?你要在心里称一称。你摸清了来者的分量以后,再决定怎样对待他。这样,你就不会错过有为之士,也不至对没有价值的人浪费精力时间。记住!这是我家的秘密。"

其实这也不是秘密,人人心里有这么一把称人的天平,你称他,他也称你。这一条"心传",中国文化里有各种含蓄的说法,员外说得这样赤裸裸,倒是令人惊叹。

其实也不用惊叹,现代人说话是越来越不客气了。文言比白话客气,报纸比电视客气,电视比网络客气。也好,不客气才发人猛省。

棋子重于华山

华山是道家的圣地,道家的陈抟老祖就在山中隐居修行。道家能占用华山也有一番来历。

宋代的开国皇帝赵匡胤,原是一个赌徒、懒汉、流氓,他和陈抟老祖下棋,指华山为赌注,三局两败,把华山输给陈抟。后人在华山盖亭子,亭子里面有大石雕成的棋盘,棋盘上钉着钢制的棋子。游山的人千方百计敲一块棋子下来带回去做纪念,对古迹造成严重的威胁。

为了保护古迹,当局在山下设置岗哨,搜查游客,发现带棋子者重罚,游人扫兴,怨声传遍四方,山上的棋子还是常常短少。后来换了一位长官,他下令撤除岗哨，在山下摆设摊位，照着山上的古迹仿制大批棋子出售。顾客轻而易举得到纪念品，皆大欢喜，有些人在山下买到足以向亲友炫耀的东西，根本不再上山。

言之有趣,言之有味

老师要学生证明"热胀冷缩"。一个学生举证说:"暑假天气热而假期长,寒假天气冷而假期短。"

如何证明热胀冷缩的原理,是物理学范围以内的事。这个学生忽然改用人事现象作答,虽不"真实",却有趣味。这不是科学的答案,这是文学的答案。正如有人引用《三国演义》里的一句话:"既生瑜,何生亮。"说周瑜的父亲是周既,诸葛亮的父亲是诸葛何。那不是史学的知识而是文学的趣味。

中国人眼中的"天河",威尔斯人称之为"银街",秘鲁人称之为"星尘",而英文谓之"牛奶路"。它何尝是河是街?何尝有银子和牛奶?

《孔雀东南飞》,为何不飞往西北?因为"西北有高楼",同样可圈可点。

七

最要紧的是发光

天生我材

——宇宙间,未知数大于已知数。

有一个教育家办了一座实验学校,定下与众不同的校规:凡是每科都及格的学生一律勒令转学。理由是:这样的学生太正常,也太平凡,可以到一般学校去读书。

对于一部分功课不及格的学生,这位教育家充满兴趣。他要研究的是:这些学生的语文为什么不及格?数学为什么不及格?是教材的问题吗?是老师教法的问题吗?是教育制度的问题吗?

有一个学生任何功课都不及格,引起了教育家高度的注意。这个学生的才能可能是现行学校课程无法启发的,是现在的教育制度无法造就的。这学生可能有非常之才,有待用非常的方法来发掘、锻炼。

为什么会有这种教育思想呢？人类中的智者早就一再思考,历史上有许多不朽的画家生前卖不出一张画,文学家有许多不朽的作品生前没得到文学奖,名校淘汰的学生成为大事业家,没进过军官学校的人百战百胜。

教育界流传着这样的故事：著名的大学里面,老校长叮嘱年轻的教授,如果某一个学生每门功课都考 A,你要特别关心他,因为他可能回来当教授、当校长;如果某一个学生每门功课都考 C,你也要特别关心他,因为他将来可能捐钱给我们学校。

这一定不是那个画家、那个文学家的错,可能错在我们预设的轨道关卡。

社会好比一座学校,每一种行业好比是一门功课。有人干哪一行都合适,也有人干来干去总觉得格格不入。如果你有这种遭遇,切莫自暴自弃,可能这是你的过错,也可能不是。很可能,你还没有找到合脚的鞋子；也可能,鞋店里所有的鞋子都不合脚，你得自己另外定做一双。

所以，有生命力的人总是不停地试验，不停地奋斗，不停地适应，也不停地创造。世上本来只有"三十六行"，由于有才能的人另辟蹊径，后来有"三百六十行"了。现在，不止"三千六百行"了。

我当年读书的时候成绩很差，心情苦闷，英文老师夏岷山先生讲了这么一个故事安慰我。现在我把这个故事写在这里，希望也能安慰一些人。

姑嫂山

我的家乡有一座"姑嫂山",由两个半圆形的山峰合成,一大一小,中间相连的棱线富有饱满的拉力。

据说,某一朝代,这一带来了一批盗匪,奸淫烧杀,姑嫂二人手拉手逃走,在匪兵追赶下扑倒在地,立即化为这座高山,把大平原切成两半,把匪兵与难民群从中分开。

我特别记得两峰相连的拉力,姑嫂二人跌倒后还是没有把手分开,形象垂留千秋万世,俨然英魂不泯。这座山是一座纪念碑,供周围十几万居民朝夕观看,使他们想象人在灾难中如何忽然变大,不可侮辱。

我相信姑嫂应该团结，兄弟姊妹休戚相关，仁人志士同舟一命。

因为我看过那座山。

学习的快乐在哪里？

我的左邻是一位过气的歌星，天天躲在房子里听她自己当年灌的唱片。右邻是一位退休的教授，天天喃喃祈祷。

在我的想象中，这位教授一定衰老不堪了。事实不然，我发现七十岁的教授精神健旺，步履轻快，眼睛闪着喜悦的光芒。倒是那位歌星，四十多岁就已经面色枯槁，脚步龙钟了。原来失意的歌星天天回忆过去，自思自叹，"苦酒满杯"摧毁了她的生机。而老教授虽然桃李满天下，退休后却发愿学习拉丁文。他说："每次多认识一个生字，我就觉得又年轻了一岁。"我所听到的"祈祷"，其实就是他低沉的读书声。

真正的衰退不是白发和皱纹,而是停止了学习和进取。所以人间有二十岁的朽木,也有八十岁的常青树。

春草年年绿

一位小学教师在服务四十年之后退休。有人以为她对教学一定厌倦了,她说:"不,我从没有觉得厌倦。"

年年用同样的教材、说同样的话、做同样的事,怎么不厌?她说:"每年换一班学生,对我都是一次新挑战,每一堂课都是我的新经验。"

她是用创造的态度工作、生活,"创造"是不会重复、陈旧的。上帝每年创造一个春天,每个春天都新鲜得像初创时一样。

我的律师邱保康博士,执业五十年,没有失去本初的侠义心肠,每年替几百个当事人主持公道,每一个来者都激发他的智勇,他解决问题如庖丁解牛。

家家点灯，满城光明

——生命像流星一样，终点并不重要，最要紧的是发光。

有一个人爱看青少年犯罪的新闻，什么时候有血气未定的大孩子被捕入狱或械斗丧生，这人立刻表情轻松，说"又少了一个跟我的儿子争路的人"。

拙著《人生试金石》出版后，这人打电话向我抗议，他认为现代社会中生存竞争激烈，别的青年多一分成功的可能，我们的子女就少一分胜算。"为什么不让那些自甘堕落的人继续下坠？为什么不让那些浑浑噩噩的人继续糊涂？你为什么要想尽办法来激励他们、启发他们、唤醒他们？你想过没有，你这是为我们的子孙制造强壮的对手，增加他们未来的艰难辛苦!"

我想过,我认为个人的最高水准要建立在社会的平均水准之上,如果社会上充满了奋斗进取的青年,下一代就随时随地能够找到观摩的榜样、互助的伙伴和正确的导师,他的成功就更容易、更高。如果社会是愚昧的,我们凭什么保证下一代的明智?如果社会是邪恶的,我们凭什么保证下一代的善良?

住在公共卫生水准很低的地方,容易得传染病。住在知识水准很低的地方,容易沾上偏见和邪教。住在道德水准很低的地方,容易与淫窟和吸毒的人为邻。为了我们的子女,我们要尽力营造一个向上的社会。

人生好比一个童女在黑夜里提着一盏灯笼,如果她把灯笼添油点亮,就既照亮了自己,也照亮了别人。如果她吹灭灯笼,使别人无法分享那光,就连自己也陷入黑暗之中了。

恕 道

——道德不仅产生纪律，也产生度量。

你必须有理想，但是不要公然鄙视那些鼠目寸光的人；你必须有操守，但是不要公然抨击那些蝇营狗苟的人；你必须培养高尚的趣味，但是不要公然与那些逐臭之夫为敌。

我们做好事，别勉强别人也照着我们的样子去做，别责备他们为什么不做。道德是一种修养，不是一种权力，道德最适合拿来约束自己，不适合拿来压制别人。道德如果成为运动，也是"自己做"运动。

恃清傲浊比恃才傲物的后果更坏。人们之所以尊敬道德，就是因为道德对他们无害。如果道德成为他们毡上的针、背上的刺，他们就要设法拔去。

人们之所以提倡道德,是因为道德可以增进社会的安宁和谐,不希望引起纠纷,造成风波。否则,他们就要对不道德的分子加以安抚了。这就是以道德自命的人应该守的分寸。

小时候在家温习《论语》,读到"君子尊贤而容众,嘉善而矜不能",母亲听见了,教我再读一遍,然后,她说,将来你不管做什么,都不要忘了这句话。

那时候,我的生活中没有"贤"也没有"众",并不觉得这句话特别重要。长大后我成了一个写文章的人,在传播媒体工作,每天跟在新闻后面鸡零狗碎,蜚短流长。这支笔如何安身立命,总要有个基本态度,我忽然想起《论语》里面的这句话来。尊贤,给我高度;容众,给我广度,二者并行,我既能提升自己又能包容他人。文章之道,你能包容多少人,就能吸引多少人,就有多少人看见你的高度。

在这里我再说一遍:"君子尊贤而容众,嘉善而矜不能。"

悬崖回马记

抗战时期,日本军队侵占了半个中国,在日本军队的占领区,到处都是抗日的游击队。那时候我的年纪很小,也参加抗日,我们受到日本军队的攻击,就往山区里逃,日本军队紧紧地跟在后面追,从白天追到黑夜。老天爷降下倾盆大雨,天地间一团漆黑,要靠天上有闪电的时候才看得见脚底下的羊肠小径。

山路崎岖,人人一直拼命往前走,走着走着前头怎么停下来了,原来前头是个悬崖,前有悬崖,后有追兵,这可怎么办!司令官当机立断,他下命令向后转,走回去!冤家路窄,万一碰上日本军队呢,那也得回头走,总不能守着这个悬崖。

第一个被盘尼西林救活的人

我认识"第一个被盘尼西林救活了的中国人",后来他在一家百货公司做进货部门的主管。

盘尼西林是第二次世界大战期间的重要发明之一,消炎有奇效,活人无算。当时中国正在对日抗战,物资奇缺,虽已耳闻盘尼西林的大名,可是谁也没有见过。就在此时,一次冒雨行军之后,一个士兵得了肺炎。

当时,得这种病的死亡率很高,但是据说有一批仙丹即将运到,问题是这个病人能撑多久。军医把希望告诉他,他在昏热中每天、每时、每分钟与病魔作战,他的生命坚拒撤出最后的据点,从他的脸上可以看出这一战役的弹痕累累。盘尼西林来到床前的时候,他居然能立刻从床上坐起。

后来他的办公室里挂着一张霉菌放大一千倍的照片,有人以为那是一张现代画,他说那是一句格言:"唯有坚忍到底的必然得救。"

少安毋躁

——嫉妒中无品德,愤怒中无智慧。

小时候,你捉过螃蟹吗?这是乡下孩子的游戏。

夜静,露湿,土松,螃蟹纷纷走到洞穴之外呼吸新鲜空气。我们一群捉蟹的孩子来了,蹑手蹑脚,提着马灯,火焰微弱,还罩在一层黑色的布套里。所以,螃蟹不知道发生什么事,依然徜徉自如。

我们突然拉开布套,拧亮灯火,满地螃蟹都暴露在危险里了,它们慌乱地挥动大钳寻找自己栖身的地下室,慌不择路满地乱滚。我们只是用灯光追赶它们,逼迫它们,扰乱它们,任凭它们往洞里钻,我们微笑着在洞外等待。

不久,那些螃蟹又从洞里一只一只退出来了……

是一双一双退出来了,两只螃蟹在一起扭打,你钳住了我,我夹住了你。它们在慌乱中躲进别人的洞里,其中一只又非将另外一只驱出洞外不可。于是在洞内展开有你无我的内讧,到洞外继续作不共戴天的搏斗,扭成一团,谁也不肯放开。对那灯火,那捉螃蟹人的手,都索性置之不顾。

结局是,我们把它们一只一只……不,一对一对丢进篓子里,满载而归。

灾难当头,为什么不互相容忍呢?为什么不把另一只螃蟹当作难友,反而把它当作敌人呢?为什么没想到暴露对方,同时也暴露了自己呢?古人对螃蟹的评语是"躁",你看,真是不错。

请恕我直言,我们"人",有时也是螃蟹,先贤教我们"兄弟阋于墙,外御其侮",我们也常常兄弟阋于墙,开门迎敌。

八

好人？坏人？

第三度贞操

——找理由支持你去做该做的事,不要找理由支持你去做不该做的事。

有个小故事曾在第二次世界大战期间传遍世界:新兵入营,内心恐惧不安,别人劝他:"不要怕,你虽征入军伍,未必开上前线作战;即使作战,敌人的枪弹未必能打中你;即使中弹,未必伤及要害不治而死;万一阵亡,从此无知无觉,那时还有什么可怕的?"这个故事当时颇能提高士气,各国都乐于传布。

后来在中国发生一件事:空袭警报响了,有一桌麻将照常打下去。警察前来取缔,打麻将的人振振有词:"怕什么!敌人飞机未必来;即使来了,未必能逃过我们空军的拦截;即使冲进我们的上空,未必有机会投弹；即使投弹，未必炸死我；一旦我被炸死，我还怕什么？"推论的方式一样，但是作用完全相反。

有一个少女经常违背父母的意见，惹得母亲痛哭流涕，这少女内心有时也未免感到歉然。后来她读到一篇文章，知道自己的年龄正值所谓反抗期，她坦然了，从此对母亲的涕泪问心无愧，因为她的"反抗"是身心正常的发展！

后来，"生命线"的值班人员接到她的电话，听她哭诉自己不幸失身于一个不负责任的男子。"生命线"安慰她："别太难过，你可以守二度贞操。你虽然失身，未必怀孕；如果怀孕，那就恭喜你做母亲了。"

对方的情绪显然稳定下来。可是过了几个月，她的声音又出现了，她小心翼翼地问："有没有三度贞操？"

第二生命

——守身如玉,守业如城。

有一个叫王行良的青年,在一所学校的墙外脱光衣服举行日光浴,引起墙里面女生的惊慌,警察赶来处理,成为当天本市的重要新闻。可想而知,街谈巷议都认为这位王行良的行为不正,留下不良的印象。

恰巧离"裸卧"地点不远的地方有一个人也叫王行良,年纪跟那个新闻人物差不多,他在一天之内接到几十通电话,亲友们都慰问他所受的"同名之累"。亲友们何以知道这个王行良不是那个王行良?很简单,因为这个王行良素来行为端正,衣冠整齐,工作忙碌,绝无随地裸卧惊世骇俗的可能。

人是凭着已知来判断未知的,这就看出人品的重要,人的品格是日积月累、一点一滴建立起来的,平素吃了多少苦,也看不出这样努力有什么用处,一旦到了某种关头,一个受社会信任的人格立刻吐出芬芳,为你遮多少风、挡多少雨,自然辩诬白谤,不证自明。否则,你要证明这个王行良不是那个王行良,得要求主办"裸卧"案件的派出所出具证明,影印千份,寄给所有相识的人,恐怕还是有人将信将疑,那真是跳到黄河也洗不清!

法官审案,允许"人格的证人"出庭做证,证人说,这件坏事是谁做的,我不知道,但是我了解你们正在审问的这个嫌疑犯,我愿意为他的品格、修养、素行做证,这样一个人不会去做那样的事情。这种证词有时候能起很大的作用。

身为一个现代人,可能比农业社会里的成员更需要注意自己的名誉。因为现代生活紧张忙碌,人们对他们听到的"风说"无暇穷究真相,只能根据他平时的认识、印象,下一个判断了事。而这判断在人们的脑子里,像"档案"一样成为以后再下判断的依据。

说到档案,顺便提一下工商业社会的"信用",它有一个庞大的记录系统,记下我们每一个人金钱往来是否诚实,如果你分期付款买东西,你哪一个月没有按时交钱,都会一笔一笔记下来,如果做生意倒了账,借钱赖了债,如果常常开空头支票,更非等闲。如果以前不诚实,他们就认为以后也不会诚实,"浪子回头金不换",他也相信,可是得先让别人第一个去冒险。

职业面具

我的芳邻是一位电视剧演员,走红以后,专程到日本整容。回国后,第一次见面是她在荧光幕上出现,看上去轮廓分明,比以前美得多了。第二次见面是在巷口,发现她脸上的肌肉僵硬,自然的韵趣全失,怅然久之。后来打开电视看到她,又觉得她很漂亮……

动过这种整容手术的人特别适合在电视中出现,她从东京带来一副"职业面具",为了增加上台演戏的美,不惜牺牲下台做人的美。

每一种职业都有面具,不过一般人的职业面具,都可以在不需要的时候卸下来,我的芳邻却要在睡眠中也戴着,太辛苦了!

炎凉

——我们无法改变气候,但是我们可以锻炼体魄。

常常有人问,社会是温暖的还是冷酷的?也常常有人回答"社会是温暖的"或者"社会是冷酷的"。

所谓温暖、冷酷,都是社会的一种反应,反应由刺激而起。社会对新科状元必然是温暖的,对落第秀才必然是冷酷的。新科状元虽然受人逢迎,但是也可能有名士白眼相加,那是或然;落第秀才也可能遇见佳人在后花园赠金,那也是或然。

社会究竟是温暖还是冷酷,操之在己的成分很大。所以这个问题的答案,与其在社会里面找,不如向自己找。一个有志气的人虽然不该口出狂言,说我要社会温暖它就温暖,但是无妨抱定信心,不管是温暖或是冷酷,我都不怕。

蜜月

"人无千日好,花无百日红。"花季的长短可以算出来,那么人情的"花季"呢?一个月。

人的好心、善意、感谢、礼遇,大概在一个月内即由高潮下降。在亲友家中寄宿做客,最多不宜超过一个月。助人是快乐的事,可以在一个月内经常看见酬庸式的笑脸,超过这个自然的期限以后,就只能自己在内心"独乐"了。

条顿民族很有智慧,他们发明了"蜜月"。一个月是月亮绕地球一周的时间,也许人的情绪因此形成一个周期。每过一个月我们就是经历了一次人世的小沧桑。

格言有"一年之计在于春""一日之计在于晨",那么一月之计呢?也应该有个说法?

没有代用品

——不分古今,家庭第一。

一个满面愁容的异乡人走进一家简陋的咖啡馆,特别指明要一份烤焦了的面包,一杯半温半冷的牛奶,一盘被虫咬过的生菜,然后对女侍提出要求:"请你坐在对面,向我不断唠叨家常废话,这样可以使我暂时不再想家。"

我们从故事里可以看见,这个异乡人的婚姻显然并非十分美满,他的太太不是娴静体贴的好主妇,可是他仍然想家。尽管外面有很多地方能提供最好的面包,又香又热的咖啡,善解人意的女侍,也医不好他的怀乡病。可见家庭在饮食男女之外,还有一个"×",这个"×"是家庭的独特产物,没有其他的来源。

不错,现代人对家庭依赖的程度减低了。人常常坐在咖啡馆里,不坐在自己的客厅里;人常常睡在旅馆里,不睡在自己家的寝室里;人常常站在公园或高尔夫球场的草坪上,不站在自家的院子里。男人很容易听到职业性的莺声燕语,却难以听到妻子的情话。但是,家庭永远是家庭,家庭终有它不可及、不能取代的特点,把旅馆、饭店、妓院、音乐厅、裁缝店、医院、托儿所、安老院加起来绝对不等于家庭。

先贤说"修身齐家",这个"齐"字怎样解释?现代人不要望文生义,"家"不是军营,不是西方人修剪过的公园,"家"不必齐。身修而后家齐?我见过多少男子是结了婚以后才准时上班,对人有礼貌,他是"家齐而后身修"。国家国家,要看一国之内有多少家庭,不要有太多的游民。

看人先看书房

纽约市皇后区公共图书馆作了统计,张榜揭示一年来最受欢迎的中文书。前后比较,针对现实深度报道的书增加了,这一类书记述个人成长或群体遭际,读来可以扩大心胸,提高境界,砥砺意志。有无数历史事件可以证明,人不断学习,不断成长,不断选择,遇强则强,遇弱则弱,近朱者赤,近墨者黑。这张书单显示社区内华人读者的品位有了改变,或者可以称之为提高。

台北出版家高希均先生有个主张,要社会"向上提升,不要沉沦",先得个人做第一等人,要做第一等人,先得大家读一等的书。沉沦的人读第一等书,容或有之，向上的人读沉沦的书，未之有也，不知其人观其友，不知其友就看他读些什么样的书。人物采访常常报道其人的书房，由书可以知道其人的趣味、品级、交游、过去的轨迹、未来的指向。

推广读书风气，提高读书品位，除了仰赖图书馆，各式各样的读书会也很重要。现在大陆和台湾，盛行读书人定期群聚，由一个人独自安安静静地读书，到一群人热热闹闹地读书，由与书为友到以书会友，他们把喝茶、聊天、开会融合为新的形式，排除了阅读带来的孤独。读书会中人人提出读书报告，由一个人读许多书，发展到许多人互相代读，在有限的时间中博览多闻。

读书会、书店、图书馆可以密切合作，图书馆可以是众多读书会的水库，读书会可以是图书馆的支流，支流也许在水库的下游，也许在水库的上游，读书会由读者构成，读者可以是图书馆的源头活水。这种共存共荣、相得益彰的关系，在台湾得到充分结合，海外毕竟后人一步。

我们要有一个新的观念：读书会不是群众大会，读书的人是小众，读书是雅兴，不附流俗，读书是智举，人弃我取。读书会人数可多可少，四君子、七贤都足以传为美谈。读书会不论大小，必能影响周边的人，能使一个人读书，如造七层浮屠。

好人？坏人？

——别人作恶，不等于我们善良。

看戏的时候，孩子问大人：哪一个是好人？哪一个是坏人？

父母跟孩子一块儿看电视，会告诉孩子：这个是好人，那一个是坏人……

戏剧发展的公式之一是好人都不喜欢坏人，坏人都欺负好人。看戏的公式之一是把自己设想成一个好人。这样日积月累，得到结论：我不喜欢的人、对我不利的人，都是坏人。

社会上可能有很多人为你我所不喜欢或对你我不利，之所以如此，因为这些人不考虑你我的观感，不迁就你我的需要。总之，他们不向我们讨好，之所以如此，是因为他的本领比我们高强。人生的公式之一是，魁梧有力的人在稠密的人群中挤来挤去的时候，多半乱踩别人的脚，这时候我们就要认定他是一个坏人。

如此这般"危险"来了：我们是不是已经把所有的有本领的人都当作了坏人？谁把本领高强的人都当作坏人，谁就不能适应他所处的社会。因为社会的骨干是所有的强者。谁讨厌这些人、畏避这些人，谁只有退出生活。

不可从生活中退出！为人必须有一种自信：纵然对方非常精明、非常能干、非常自负、非常自私，你仍然能够跟他相处。当然，先决的条件是，你自己到底也不是完全无能之辈。

好人、坏人，通俗戏剧用这样简单的二分法，是为了讨好观众，省得他们反复思索。生活中因缘聚散，不由自主，不能计较他是好人坏人，只能问我们办的是好事还是坏事。好人也来办坏事，坏人也来办好事，他们也不能自主。经一事，长一智，我们跟好人学好，跟坏人防坏。

也是代沟

在刘非烈的剧本里,一个年轻人愤愤地说:"世界上的坏人愈来愈多!"一个老人却说:"是吗?我觉得坏人愈来愈少!"

年轻人心地单纯,理想高远,初入社会,发觉处处跟自己预悬的标准未合,这里有老狐狸,那边有胆小鬼,岂不是坏人愈来愈多?等到涉世深,阅历多,见闻广,知道真正的大奸大恶什么样子,当年指为"坏人"者,连小巫也说不上,这时,就转而认为真正的坏人其实很少。

青年人有时责善太苛,老年人又可能易作乡愿。

老王过年

——凡是存在你都要面对,找出其中的规律来。

对于"拜年"这一桩应景儿的俗事,老王有独到的心得。

起初,他对拜年很认真,大好年假消耗在仆仆风尘之中,年终奖金也都付了压岁钱和车费。可是他发现两点:第一,他拜年的心情很虔诚,可是对方并不在家,东扑西扑都是扑空,因为人家也要出去拜年,不,也要出去扑空。大家都在玩捉迷藏。

第二,他虽热心拜年,人家并不热心回拜。年后见了面,周到一点的人还说一句:"对不起,初二那天我不在家。"粗心一点的人根本忘了有那么一回事。倒是有些人,老王根本没打算专程去拜年,走过门口顺便说了声"恭喜",他们倒郑重其事地回拜来了。

拜年没什么意思,老王下了结论。他决定免除这个俗套。

可是后来我又看见老王在春节假期衣冠楚楚而行色匆匆,他又拜年了,他说这不是拜年,这是"自炼"。他想通了:人人都找那财富比自己多,或地位比自己高,或影响力比自己大的人拜年,每人都无暇向"不如己者"回拜,所以,拜年是单程的交通,是自下而上的输送,没有人回拜是正常,有人回拜是反常。如果你向某人拜年,某人立即回拜,那么你先向这个人拜年也许根本就是错误。这是世态,这是人情。

老王仍然反对拜年,不过他愿意认识由拜年显示出来的炎凉,愿意把自己的灵魂放进去受苦,娴熟人事的规律,细尝生活的滋味,以免生活在幻想中,闭门造车,自以为是,从而策励自己立身处世兢兢业业,力争上游。

他说:"我不是在拜年,你们也不是在拜年。今天社会上真正拜年的人很少。"

一个巴掌拍不响

两个人面对面,每人伸出一个巴掌来。

人心不同,各如其掌。巴掌伸出来了,戴着厚厚的鸭绒手套,唯恐受了风寒,拍上去也没声音。好不容易手伸出来了,其掌如刀,其指如钩,令人迟疑观望。好不容易手伸出来了,不是握着拳头,就是手背朝前,令人无从下手。

手伸出来了,没错。是招手,还是摇手呢?是准备向外推,还是准备向里拉呢?是手心向上有所取,还是手心向下有所予呢?是冷手,还是热手呢?是硬手,还是软手呢?

伸手未必就可以拍手,勉强拍手也许是武侠小说里的"对掌",双方掌心贴掌心,运内功厮杀,有金戈杀伐之声,你我听不见。凶险哪!

九

来,减减压

跟着线条走

我在这里提出一个观念,思想是线形的。思想成为动词时,就是线条的延伸。所以前贤说思路、思绪(绪是从茧抽丝)。适当的压力可以助长这个线条延长并连续构形,太大的压力使这个线条纠结紊乱,所以前贤说茅塞,剪不断理还乱。

因此纾解压力有治本和治标二途,从"压力源"入手,是治本;从梳理线条入手,是治标。治本难,治标各家争鸣。既然都是线条,让这一团乱麻附在另一个井然有序的线条上抽丝剥茧,一同延伸,这一团乱麻逐渐缩小,暂时消失,我们换来时间恢复精力,重整心态。

引导纠结阻塞的心绪顺利延伸,要有工具辅助,第一选项是音乐,音乐也是线形的。我小时候听音乐的机会不多,那时唱片是奢侈品,送人一张唱片是厚礼,现在很方便。你我不需要去学音乐,懂音乐,只要肯听音乐,爱听音乐。你我把自己的思绪交给音乐,让你心中这根线附在空中那根线上,跟着延长,跟着升空。音乐能在有限的空间中无限延长,音乐又一面发生一面消失,我们紊乱痛苦的思绪也跟着延长、跟着消失,把我们心中的烦恼丝打扫干净。

当然,如果能自己演奏一种乐器更好,我们听说过盲人把压力化入胡琴,哑人把压力化入长箫,不但从压力下脱身,也多了一份专长。

除了音乐,我还推荐咱们中国的书法。书法也是线条,音乐是音波在空气中震动的线条,书法是水墨在纸上渲染的线条。你会说书法家写的是诗词,是文章,诗词文章有意义。没错,我得补充,当诗词成为书法时,诗词是书法家的材料,书法家要借这些字表现线条的音乐性,书法不是诗词的记录,而是凝固在纸上的音乐,他们有个专用的术语叫"形式美"。

书法家只有一根线条,这根线条婉转曲折,结体布白,变化出无穷无尽的姿态,表现喜怒哀乐,阴阳刚柔,表现天地山川,花草树木。思绪跟着它走,它竟然像符咒一样使我们出神忘我,心无挂碍,所谓压力症候群,都不见了!书法不是写字,它是写字的艺术化,我们都会写字,都有基础,看书法或学书法,都比音乐容易入手。

"跟着线条走"能纾解压力而没有后遗症。解压的药方也是一大筐,有人主张犒赏自己一下,点两个小菜,喝两杯好酒,染上了酒瘾。有人主张到赌城去冒个险,放松一下,成了赌徒。有人主张到风月中逢场作戏,结果引起婚变。那些办法风险大,我不建议。

放弃次要的目标

压力大,有时是因为事情太难,有时是因为事情太多。产生压力的原因叫"压力源",来源不同,纾解压力的办法也不同。

如果"压力源"是事情太多,可以把事情分成主要的和次要的,完成那主要的,放弃那次要的。中学的课程很多,学生毕业后升学的压力很大,有些学校为了提高学生的升学率,把劳作、绘画、音乐的授课时间减少了,把时间挪来让学生多学习英文、数学、理化,这就是为了完成那主要的,放弃那次要的。有些人从外文系毕业,外语程度不错,本国语文程度很差。他也是为了完成那主要的,放弃那次要的。

在非常的时代,父亲是最难担任的角色之一,常常面临严酷的考验。有一个父亲从医生那儿得知,他最小的儿子患了某种疑难重症,如果不出国求医,将终身残废。如果尽一切可能医治,又势将使他倾家荡产,其他三个健康的儿子都无法受到良好的教育。更为难的是,现在医学对这种病所知甚少,并没有把握一定使之痊愈。你看这位父亲的压力有多大!

这位父亲原是军人,他知道兵法上有两句话:"城有所不攻,地有所不争。"统帅可以命令某一城市的守军撤退,可以命令某一战场上的军队停止进攻,这一城一地是他次要的目标,他要集中兵力用于主要的目标。

在一连几个星期的失眠之后,这位父亲下了最后的决心。他对孩子们说,出国就医之议打消,孩子的教育计划不变,但是三个健康的哥哥,必须发誓永远照顾最小的弟弟。他征求孩子们的意见,小弟同意，三个哥哥也同意。父子五人拥抱痛哭一场。这个家庭的愁云惨雾一扫而空，每个人充满信心为将来活下去。

化整为零,聚零成整

"我的压力太大了!"压力不是问题,压力太大是问题。即使你我喜欢吃肉,"满桌子都是红烧肉"也让人没有胃口。

幸而前人留下一句忠告:"饭要一口一口地吃。"一个人,除非他奉行素食主义,他此生"一口一口"吃过的红烧肉,最后加在一起,一桌两桌摆不完。他是怎么吃下去的呢?为什么没觉得压力太大呢,说出来稀松平常,那就是"化整为零,聚零成整"。

咱们中国有很多大庙盖在高山上,庄严崇闳,俨如宫阙,怎么盖成的?难度很高。查看历史记录,往往最初由一个和尚发愿,他把全部工程分解成若干阶段，一步一步来。他可能在山上先盖一间茅屋自己容身，每天下山弘法化缘，有了善男信女，有了施主护法，他就不是一个人了，千斤重担大家挑，压力就不成问题了。

这些年，我们不断从手机收到各种数字，你我活到七十岁那年，走过的路连接起来一共有多长，可绕地球几圈；吃过盐一共多少斤，堆起来高过你我所住的公寓；抽了多少烟，喝了多少咖啡，吃了多少糖，数目字吓人一跳。怎么可能？你我为什么没有感觉到压力太大呢？无他，"化整为零"了。

"压力太大"，谁也不知道压力究竟有多大，往往是当事人把它高估了，膨胀了。咱们有个成语"惊弓之鸟"，两个武士比赛射箭，其中一人举手扬弓，射下一只飞鸟，参观的人鼓掌叫好。另一武士说："这算什么？我能不用箭就把飞鸟射下来。"群众用怀疑的眼光看他，他用明亮的眼睛看天上的飞鸟，选好对象，拉弓就射。弓上并没有箭，弓弦震动的响声未了，天上的飞鸟就受了重伤掉下来，倒在众人的脚边,不断地发抖。

这是怎么回事儿?且听那位武士的解释。他说:"这只飞鸟曾经被人射过一箭,带伤逃脱,现在它肉体的创伤虽然平复,心理上的恐惧却天天加重,随时做着死亡的噩梦。射这种鸟不必用箭,弓弦的响声就足够伤害它。"

医学上有一种辞典,列举每一种病的名称和现象,医生严禁一般没有受过医学训练的人看这本书,大部分的人看了这本书都会疑神疑鬼,觉得自己好像有病,显然有病,果然生了病。

压力太大,"化整为零"可以变小,各个击破,然后"聚零成整",它就不见了。

笑出来

——会笑的脸和会跳的心脏一样重要。

医生教我们用"笑"纾解压力,常常看喜剧。我想还有相声、脱口秀、上海滑稽,后来这三者融合升高,发展成一种谈话节目,在电视台走红,中国各省都出现过明星,像周立波、赵本山,扬名海外。

"人是唯一会笑的动物",为什么?依戏剧理论,人有"喜感",受外界触发,他笑。喜剧针对人的喜感制造笑料,笑料中有个"笑点",笑点与喜感相遇,犹如撞针撞到子弹的"底火"。

笑料又是怎么制造的呢?美国好莱坞"用制造罐头的方法制造电影",对喜剧中的笑料有个配方,很繁琐。王梦鸥教授在他的《文艺技巧论》里提出一个说法,叫"突然变小",倒是执简驭繁。

"突然变小"在各家新型的谈话节目中精彩纷呈,例如"我这辈子唯一拿得起、放不下的,就是筷子",在这里不便多举。可以征引的是萧伯纳:"未来取决于梦想,所以赶紧睡觉去。"可以从我自己的书中抄来:"人生七十才开始……开始生病。"前面高高举起,后面急转直下,读者观众落了个空心的紧张,忽然放松,于是笑了出来。

如此这般,"笑"能纾压也就很容易解释了,压力是别人的生命力压挤下来,你要消耗你的生命力来对付,时间越久,压力越重,你的消耗越多,有一个词很可怕:"耗竭。"你这里千金难买一笑,四两拨千斤,常常笑,常常放松,这一笑把压力变小了,移开了,你的活力增加了,虽然问题并未从根本上得到解决,倒也增加了解决问题的能量和时间。

骆驼如果能笑,就不会被最后一根稻草压死。

能看破，不放下

——世上只有一种英雄主义，就是在认清生活真相之后依然热爱生活。

罗曼·罗兰，二十世纪法国著名的作家，一九一五年诺贝尔文学奖得主。当年评论家都说他的小说很伟大，现在，除了研究文学的人以外，读者不多，只剩下若干名句流传。

顺便介绍一下，当年哲学家、政论家都以为自己掌握了唯一的真理，讲话用独断的语气，文学家深受影响，所以有了"世上只有一种英雄主义"这样的句子。若是换了现代人，大概会说："英雄不止一种，我最佩服的英雄是……"

认清生活真相之后依然热爱生活，这句话是什么意思呢？原来教科书告诉我们，生活是美好的，所以要爱它。后来我们实际上深入生活,发现生活也很丑陋,也很冷酷,就不爱它了。只因为遇见一个女孩子玩弄你,你就否定了爱情;只因为遇见一个乞丐欺骗你,你就否定了慈善。用罗曼·罗兰这句话来衡量,这是怯懦的表现。要认清生活真相之后依然热爱生活,才是英雄。

多少人在认清生活真相之后就不爱生活,或者只爱生活中的吃喝玩乐了。罗曼·罗兰对"生活"有他的定义,他并非向我们描述一个完美的社会,他描述一种完美的人格。在恶浊的人世出现圣洁,在庸俗的人世出现高雅,在自私的人间出现无我,这样的人,罗曼·罗兰称之为英雄。揣摩他的意思,英雄是永不绝望的人,对国家不绝望、对家庭不绝望、对朋友不绝望、对古圣今贤的一切努力永不绝望。当然,对自己的圣洁、高雅、无私也永不绝望。

生命之箭永不停止

——"生命之箭一经射出就永不停止,永远追逐着那逃避它的目标。"

生命像射箭一样,要瞄准靶心;生命像射箭一样,不能回头;生命像射箭一样,一箭落空,你还有第二支箭。多少人拿射箭作比喻,罗曼·罗兰别出心裁,说这支箭"永远追逐着那逃避它的目标",在所有这一类的句子之中出类拔萃。

生命之箭和普通的弓矢并不一样,它好像是某种空对空飞弹,从战斗机上向敌机发射,敌机转弯它也转弯,穷追不舍,命中率极高。罗曼·罗兰当然不知道有这样的飞弹,可是他有想象力,用拟人法,射出去的箭和目标捉迷藏。这就热闹好看,给我们更多的毅力和勇气。

那位设置"诺贝尔奖"的瑞典人，他的一生只是一支箭，这支箭射出去，目标是发明炸药，制造军火。那时炸药非常危险，他的工厂一再爆炸，陆地上不准他研究，他搬到船上；瑞典不准他研究，他搬到德国；德国的工厂又爆炸了，他搬到美国。每一次发生事故，有了阻碍，都刺激他产生新构想，有新发明。世事曲折，他这支箭也不是一头撞在南墙上，最后，曲线反倒是两点之间最近的距离。

那位号称"发明大王"的美国人，本是一个穷苦的孩子，别人看他根本没有条件做研究，可是他有，那就是"永远追逐着那逃避它的目标"。他在火车上做服务生，居然可以在那样狭小、那样拥挤的空间里做实验，他在三年之中换了十个地点，他的研究居然可以在颠沛流离中没有中断。他研究灯泡，前后用了一千六百种材料，居然可以历经一千多次失败贯彻到底。

目标在前面，看得见，它一直想甩掉你。别让它甩掉，只要一直看得见，终有一天抓得着。

扛起来

"母鸡带小鸡",那是一幅什么样的画面?母鸡在前面走,一群雏鸡紧紧跟在后面,母鸡一面走一面发出"咕咕"的叫声,让孩子们听见信号不要失散,后面的小鸡争先恐后也"叽叽喳喳"地回应。它们在散步,同时也在觅食,孩子还没有觅食的能力,母亲从土壤里掘出一只小虫,啄起来,朝地上摔打,把小虫摔昏了,摔死了,交给孩子们去吃。

天有不测风云,鸡也有旦夕祸福,空中忽然一只老鹰盘旋,朝这一群鸡降低。母鸡大声吼叫,宣布进入紧急状态,张开翅膀,让小鸡钻进去避难,它自己伸长脖子跟老鹰战斗,吼叫的声音更悲壮,变成战斗的号角。等到主人听见声音出来救援,小鸡安然无恙,母鸡已是羽毛零落、血痕斑斑。

然后呢,你继续看下去,看到不一样的场景。小鸡长得够大了,还紧紧跟在母鸡后面,它们一直这样紧紧地偎依在母亲身旁。可是它们已经长大了,母鸡不再用慈爱的声音"咕咕"地叫唤它们,也不再把地上的小虫一条条啄死丢给它们做点心。它们还是"叽叽喳喳"地跟在后面,寸步不离。这时候母鸡就用它尖锐的嘴去猛啄小鸡的头,啄得它们四散奔逃,只好自己独立。

母鸡忘死与老鹰作战,出于伟大的爱。在光天化日之下,万物欣欣向荣之中,使孩子脱离母体,独立生存,也是出于伟大的爱。因为依赖,长期的依赖,将导致堕落退化,是一种极其恶劣的生存状态,生命中那些宝贵的天赋,无从发挥,结果成为一块块没有弹性的死肉。

以鸡喻人,长大了的孩子都有了"压力"。其实压力本来就有,大部分由别人承担了,忽然压力转移到自己身上,就会觉得太多,太不应该,担当不起。我们得时时告诉自己:时间到了,我得自己扛起来!我也扛得起来!就没事了。所谓压力太大,有很多案例不过如此。

劳者多能

俗语说："刀要石磨，人要事磨。"刀不磨不快，人不磨不明练达，显不出聪明才智、毅力品德。

人们常常觉得，青年人本来是有棱角的，在社会上磨来磨去，后来就磨圆了。"圆"是什么意思？是失去了原有的锋锐吗？这不是我理解的"磨"。

把刀刃对准磨刀石，与石面成为直角，这把刀就愈磨愈钝。人接受事的磨炼，要注意采取适宜的角度。让我们把角度改成"态度"吧，谁的态度是积极的，社会经验就对谁产生积极的作用；谁永远保持生命的热情，社会经验就是谁的燃料；谁始终为他的理想奋斗，社会经验就会提供给谁更有效的方法。

那么，磨来磨去，他就是一把快刀。

谁在生气？

"盛怒之下无智慧"，所以佛家戒嗔，儒家制忿。台北有人举办社会调查，问一问为什么生气和怎样出气，我们可以得到许多启发。

调查报告说，住在台湾的人平均每星期生气一次，不算多，社会"蓄怒量"不大，祥和犹存。杀人斗殴的新闻虽然不绝，代表性还低。这是好现象。

女人生气的次数比男人多。这个发现更有意义。人要有个性有自我而后有脾气，有脾气而后有声音，女人有发怒的自由，不再"忍气吞声便是德"，这也是社会的进步。

出气的办法是去买东西。用买东西代替摔茶杯、打孩子、骂邻居，用建设代替破坏，用贿赂自己抚平自己的情绪，有喜剧意味。能做到这一步，当然要有钱，台湾社会富裕，由此多一注脚。

教育程度低的人比较容易生气。大概教育程度高的人不争"鸡虫得失"，显得大度。或者教育程度高的人职位高，发泄情绪另有更好的模式。总之，读书便佳，受教育是好事。

海外华人社区也是个"争气"的地方，谁在生气，多久生气一次，为何生气，如何消气，不仅对他自己，对从他身旁经过的行人，都有影响。更要紧的是如何不生气。看了来自台湾的报道，不知几人能偶有所得，欣然"忘气"？

谈压力，联想到生气。压力使人憋气，然后赌气，然后是增加压力。除非你有更好的理由升高压力，否则最好是"顺气"，俗话说"消消气"。

先贤说，如果你觉得怒从心头起，赶快默念数字，由一数到十，可以顺气，如果还不行，继续数下去，数到一百，须知"怒从心头起"的下一句就是"恶向胆边生"，凶险得很哪！到现在，还有心理医生把这个老方子传给病家。

据说老年人动脉硬化,容易生气。这里有一位长者,年纪大、脾气也不小,每逢他要发怒的时候,他的老伴就在旁边低声叨念:"你的血压!你的血压!"他一听,自动顺气。可见许多怒气都是多余的。青壮之年,血气旺盛,也容易生气,我赶不上那关键时刻,只好在这里对空叨念:"你的事业!你的人脉!"

不要生气

美国联邦政府有一个职位叫国务卿,直译是国务部长,主掌外交,居各部部长之首席。

有一年,来了一位新上任的国务卿,他的面貌身材,新闻媒体称之为"跟林肯总统最相似的人",大众以貌取人,对他期望很高。

紧接着发生了他上任后的第一件大新闻,美国首府华府有一家报纸对他有负面的批评,他觉得受了委屈,亲自到报馆争论,一时激动,痛哭失声。美国各地的新闻媒体都报道了这个消息,这位政坛明星也名满天下,谤亦随之,舆论认为他太不能承受压力了,报纸一篇文章就足以使他失去控制,试想一个美国国务卿挑的担子多么沉重,他要面对多少挑战,他坐在这个位子上叫人怎能放心?果然,不久,此公辞职了,他又得到一个新头衔:任期最短的国务卿。

有志于政治事业的人,他可以贪(立国家亿万年不朽之基业),可以痴(到了黄河不死心)。说得典雅一些,"昨夜西风凋碧树,独上高楼,望尽天涯路"就是贪。"衣带渐宽终不悔,为伊消得人憔悴"就是痴。可是万万要戒"嗔",忍人所不能忍,要坚百忍以图成,要持其志勿暴其气。

左宗棠说"不遭人忌是庸才",但若禁不住压力,三下两下就被忌"倒",也算不得人才。人才入世,有很多人想抑制他、排挤他、压倒他,这是第一阶段。等到三下两下之后,发现抑制不住、排挤不掉、重压不倒,大家立即见风转舵,捧他、让他、拉拢他,甚至放纵他,这是第二阶段。进入第二阶段后,人人都来和你握手,彼此欣然互握可也。

英国爵士的信心

从前英国有一个爵士,一生情场得意,风流韵事无数。大家都知道他有一根特殊的手杖,他只要握紧手杖的顶端向一个女人注目,那女人就要意乱情迷,把持不住。他凭着这根手杖,几乎战无不胜,攻无不克。

爵士在晚年自己透露了秘密,那不过是一根极其平常的手杖罢了,一点也没有神秘出奇的地方。只是女人都相信那个传说,对他自动撤除了心理上的防线。而他一旦手杖在手,也确实充满了自信,增加了胜算。

心理作用能产生极大的力量,你如果确信那件事情必然发生，最后它果然会发生；你如果确信某件事情可以办到，你最终会办到。

有一次在战场上，战争的情势逆转，指挥官下令撤退，战士依照他们平常所受的训练在敌人的火力下快速运动。有一个士兵中弹倒地，血流不止。他对战友说："我不行了，我受伤了，我要死了。"他的战友用十分坚定的语气说："你没有受伤，你身上的血是从别人的伤口上沾来的，你可以跑得比我更快。起来！我们赶快脱离战场,补充弹药,卷土重来！"那位受伤的战士竟一跃而起，比中弹以前更迅速敏捷，终于安全地躺在后方医院里接受疗养,恢复健康。在战场上这一类奇迹几乎每天都会发生，每一个老兵都是证人。

众所周知，中国现代史，唯物论的信徒打败了唯心论的信徒。为什么？唯物论者相信历史"必然"朝某个方向发展，"必然"造成某种结果；唯心论者认为历史的发展有许多偶然的因素，常常出现意外的结果。可以说，必然击败了偶然，也就是"信"战胜了不信。

一定强

大富翁只有那么一个儿子,多么希望儿子强健、活泼!儿子一年四季生着不同的病症,使做父亲的多么心疼!

这富翁求遍天下名医,买尽天下良药,派一组忠诚细心的仆婢照顾儿子的起居饮食,可是少爷苍白得厉害,每天向父亲诉说他的痛苦。最后,富翁向一个老拳师乞求健身的秘方。老拳师动了同情心,就慨然说:"你得答应两个条件。第一,绝对信任我。第二,我要你出多少银子,你就拿多少银子出来。"富翁一口答应。

富翁完全没有料到,一群蒙面的强盗劫走了他的儿子。在山寨里，强盗命令这位少爷早起打柴，在烈日下挑水，雨天搬石块修补房屋，还有割草、洗马，打猎的时候背着用具，整天不得休息。可怜的少爷哪里吃过这种苦！幸亏他年轻！

且说富翁自从失去了儿子，昼夜不安，天天督促官厅破案。官厅也真有本事，经过长期的明察暗访，终于找到了盗匪的巢穴，兴兵围捕，将盗匪一网打尽。肉票还家，事主流泪，不过悲中有喜，眼见儿子十分健壮，成长为一个男子汉。问起以前的病痛，几乎都不记得了。

最出人意外的是，官厅查出绑票的主持人正是那位老拳师，而老拳师又坚称所谓绑票是由富翁全权委托并负担全部费用，"山寨"是用富翁的钱建造的，"盗匪"也是富翁雇用的临时演员。官厅问富翁是怎么回事，富翁始而悚然，继而想起当初和老拳师的一段商谈，恍然大悟。有钱好办事，他设法撤销了这个案子，用乐队和大轿把老拳师迎了回来。

附录

维他命丸之外

老宝

今天的社会上充满了锐意上进的男女青年。他们肤色红润，目光炯炯，胸怀开阔，不甘一生庸碌。他们天天在成长，天天在膨胀，天天相互扶持、观摩、竞争。于是他们天天需要吸收，吸收肉体的和精神的营养，以便在漫长并且可能崎岖的人生道路上奔驰。他们中间，如果还有懈怠萎靡，忘记了人生所为何事，也终将在人人自强所形成的遒劲的气流下遽然觉醒，亡羊补牢。

对于这些可敬可爱而又使人略觉可虑的青年，成年人该为他们做些什么呢？看着他们上过一次当才学一次乖吗？任凭他们先撞个鼻青脸肿吗？不！父母总记得每天给孩子一粒维他命丸，但是多少父母忘了每天给孩子一点有用的经验和有益的教训。维他命丸使一个青年有迈开大步一分钟疾走一百一十四步的能力,但是不能告诉他往哪里去。他们踏上人生路途,需要看见指标,那可信赖的指标,并且是乐于接受的指标。"指标"所在多有,使人欣然接受却难。

我们需要把人生经验制成另一种维他命丸,漂亮、清洁、方便、实惠,让年轻人每天接受一点点,持之以恒,长期摄取,随时消化,正常发育,发育他的思想人格,使他积极、乐观、进取、坚忍、争气、成器。除了肉体上的强壮,还有精神上的强壮。使他能走、肯走、敢走,顶重要的是知道往哪儿走,并且早一点到达目的地。使他在疲倦的时候补充精力,在沮丧的时候恢复信心,在孤独彷徨的时候得到支助,在迷惘的时候恍然清醒。使他得到鞭策,同时得到乐趣,就像一个乐队伴随他、鼓舞他一样。这件事我们未必要自己做,就像我们都没有自己动手制造维他命丸。我们只须向专业人员的成果中去找寻、选择。

王鼎钧写的《人生试金石》,恰恰是这样一本书。这本书尽是"如诗如剧的小品文",同时又是"有情有理的经验谈"。对青年人来说,这是一本塑造命运的书,一本开拓前途的书。对成年人来说,这是一本照亮过去的书,一本重整旗鼓的书。这书里面的每一篇都像一粒维他命丸那样容易吸收，那样"滋补"。透过这本书看人生，人生经验既不像某些中老年人心目中那样杂乱无章，也不像一般青少年所想象的那样阴沉霉烂。人生经验乃是人生的注解，足以破生存之谜，圆成功之梦，变化气质，熔铸完美的人格。人生经验也是生存的种种方法，以及对他人的生存方法之了解。生命永远不该脱离理想，而理想付诸实践离不了方法。不懂方法，一事无成，方法错误，劳而无功，甚至效果完全相反。学校里的教科书没有提供这一部分内容，那正是许多学生毕业之后步入社会处处苦于适应、难以发展的原因，也是我郑重推许《人生试金石》的理由。

读高中的孩子应该看这本书，因为他"懂事"了，也就是在人生的路上起步了。大学、中专院校即将毕业的青年应该看这本书，因为他即将步入社会面对更真实的人生，最好做一下准备。一个人在读过本书以后，和以前不再是完全相同的一人，他在人生的战场上增加了装备。一个读过本书的人和没有读过本书的人不再是旗鼓相当的对手，在生存竞争中他改变了均势。一个家庭如果全家都读过这本书，会增加多少和乐美满；一个团体中的人如果都读过这本书，他们将朝气蓬勃而又相互体谅。因为这本书教人自强，同时教人宽容对手，体谅长上，同情弱小，敬爱友朋，维护大体。连一个学问有成就、事业有基础的人也可以看看这本书，他已是一个向导、一个领队，需要参考一切能够帮助他的地图和任何能够凝聚群体意志的说辞。

王鼎钧作品系列（第二辑）

开放的人生（人生四书之一）

本书讲做人的基本修养。如何做人？这个问题很"大"。本书用"小"来作答，如春风化雨，通过角度、布局、笔法各各不同的精彩短章，探悉人生的困惑，以细致入微的体察和智慧的省思，带给人开放、积极而平和的人生态度。

人生试金石（人生四书之二）

人生并不完全是一个"舒适圈"。由家庭到学校，再由学校到社会，成长要经历一个又一个挫折和失望。本书设想年轻人在逐渐长大以后，完全独立以前，有一段什么样的历程。对它了解越多，伤害就越小；得到的营养越丰富，你的精神就越壮大。

我们现代人（人生四书之三）

在传统淡出、现代降临之后，应该怎样适应新的环境和规则，怎样看待传统的缺陷？哪些要坚持？哪些要放弃？哪些要融合？现代人需要怎样的标准和条件，才能坚忍、快乐、充满信心地生活？作者将经验和思索加以过滤提炼，集成一本现代人的安身立命之书。

黑暗圣经（人生四书之四）

这是一本真正的悲悯之书——虚伪、狡诈、贪婪、残忍，以怨报德，人性之恶展现无遗，刺人心魄。但是，"当好人碰上坏人时，怎么办？"，这才是"人生第四书"的核心问题。它要人明了人之本性，懂得如何守住底线，趋吉避凶。而且断定，即便有文化的制约，道德也是永远不散的"筵席"。

作文七巧（作文五书之一）

世界上优秀的作品都需要性情和技术相辅相成，性情是不学而能的，是莫之而至的，人的天性和生活激荡自然产生作品的内容，技术部分则靠人力修为。——基于这样的认知，作者将直叙、倒叙、抒情、描写、归纳、演绎、综合汇成"作文七巧"，以具体实际的程式和方法，为习作者提供作文的捷径。

作文十九问（作文五书之二）

"作文一定要起承转合吗？""如何立意？""什么才是恰当的比喻？""怎样发现和运用材料？"……本书发掘十九个问题，以问答的形式、丰富的举例，解答学习作文的困惑。其中有方法和技巧，更有人生的经验和识见。

文学种子（作文五书之三）

如何领会文学创作要旨？本书从语言、字、句、语文功能、意象、题材来源、散文、小说、剧本、诗歌，以及人生与文学的关系等角度，条分缕析，精妙点明作家应有的素养和必备的技艺，迎接你由教室走向文坛。

讲理（作文五书之四）

本书给出议论文写作的关键步骤：建立是非论断的骨架——为论断找到有力的证据——配合启发思想的小故事、权威的话、诗句，必要的时候使用描写、比喻，偶尔用反问和感叹的语气等——使议论文写作有章可循，不啻为研习者的路标。而书中丰富的事例，也是台湾社会发展的一面镜子。

《古文观止》化读（作文五书之五）

作者化读《古文观止》经典名篇，首先把字义、句法、典故、写作者的知识背景、境况、写作缘由等解释清楚，使文言文的字面意思晓白无误，写作者的思想主旨凸显。在此基础上推进，分析文章的谋篇布局、修辞技巧、论证逻辑、风格气势等，使读者能对文章的优长从总体上加以把握、体会。最后再进一步，能以博学和自身的人生境界修为出入古人的精神世界，甚至与古人的心灵对话，此尤为其独到之处。